Einige

Wissenschaftlich-technische Fragen

der Gegenwart.

Von

Sir William Siemens.

Zweite Folge.

Berlin.
Verlag von Julius Springer.
1883.

ISBN 978-3-642-50629-1 ISBN 978-3-642-50939-1 (eBook)
DOI 10.1007/978-3-642-50939-1

Buchdruckerei von Gustav Schade (Otto Francke) in Berlin N.

Softcover reprint of the hardcover 1st edition 1883

Inhalts-Verzeichniss.

Antrittsrede

bei Uebernahme des Präsidiums

der British Association.

Gehalten am 23. August 1882 in Southampton.

Ueber die neuesten Errungenschaften der Wissenschaft.

Wenn ich es unternehme, von dieser Stelle aus an die British Association das Wort zu richten, so ist mir wohl bewusst, dass ich mir damit eine Aufgabe stelle, die grosse Verantwortlichkeit in sich birgt. Die Association hat ein halbes Jahrhundert lang die wichtige Aufgabe erfüllt, einmal in jedem Jahre Männer der Wissenschaft aus allen Theilen des Landes zusammen zu rufen, um Fragen von gemeinsamem Interesse zu besprechen, die Forschung zu bereichern, und um jene persönlichen Beziehungen zu pflegen, welche sich für den Austausch der Ansichten und für gemeinschaftliches Vorgehen im Interesse der Wissenschaft als so mächtige Hebel erweisen.

Ein trauriges Ereigniss wirft seinen Schatten über unsere Zusammenkunft. Während wir noch den unersetzlichen Verlust betrauern, den die Wissenschaft in der Person von Ch. Darwin erlitten, dessen kühne Auffassung, dessen unermüdliche Arbeit und heiteres Gemüth ihn so zu sagen zu einem Typus von unübertroffener Würde gestalteten, traf gerade vor einem Monate telegraphische Nachricht in Cambridge ein, dass unser Sekretär, Professor F. M. Balfour beim Besteigen der Aiguille Blanche de Péteret sein Leben verloren habe. Obschon nur dreissig Jahre alt, hatte er in schnell und wohlverdient erlangter Auszeichnung nur Wenige seines Gleichen. Nachdem er die Vorlesungen von Dr. Michael Foster besucht, vollendete er im Jahre 1875 seine biologischen Studien unter Dr. Anton Dohrn an der zoologischen Station in Neapel. 1878 wurde er von der Royal Society zum Mitgliede und im November vorigen Jahres in den Vorstand gewählt, während ihm gleichzeitig für seine embryologischen Forschungen eine der königlichen Medaillen verliehen wurde. In kurzen Zwischenräumen fand er sich zum Ehrendoktor (L. L. D.) der Universität Glasgow und zum Präsidenten der philosophischen Gesellschaft in Cambridge ernannt, und nachdem er sehr vortheilhafte Anerbietungen von Seiten der Universitäten Oxford und Edinburg ausgeschlagen hatte, nahm er eine von seiner eigenen Universität besonders für ihn geschaffene Professur für Morphologie der Thiere an. Wenige Männer könnten eine solche Fülle ehrenvoller Auszeichnungen ohne Schaden über sich ergehen lassen; im jungen Balfour aber fanden sich Genius und Unabhängigkeit des Gedankens auf das Glücklichste mit Fleiss und persönlicher Bescheidenheit vereint, und dies gewann ihm die Freundschaft, Achtung und Bewunderung Aller, die ihn kannten.

Es ist mir eine grosse Genugthuung den traurigen Eindruck dieses Verlustes einigermassen durch die erfreuliche Nachricht von der glücklichen Rückkehr des unermüdlichen und uneigennützigen arctischen Erforschers, Mr. B. Leigh Smith mit seiner vielgeprüften Mannschaft und seinen braven Errettern mildern zu können.

Seit den Tagen der ersten Zusammenkunft der Association in York im Jahre 1831 sind in den uns zu Gebote stehenden Mitteln für den Austausch unserer Gedanken, sei es mit Hülfe des Worts oder der Schrift, bedeutende Veränderungen eingetreten. Die Schöpfung der Eisenbahnen hat es verwandten Geistern ermöglicht, zahlreichen Versammlungen der verschiedenen fachwissenschaftlichen Gesellschaften beizuwohnen, welche seit Gründung der British Association entstanden sind, und von welchen ich hier nur die physikalische, geographische, meteorologische und anthropologische

Gesellschaft als Pflegerinnen der abstrakten Wissenschaften, und die Vereine der Maschinenbauer, der Schiffsbau-Ingenieure, das Eisen- und Stahl-Institut, die Gesellschaft der Telegraphen-Ingenieure und Elektriker, das Gas-Institut, das Sanitäts-Institut und die Gesellschaft für chemische Industrie als Vertreter der angewandten Wissenschaften zu nennen brauche. Dieselben kommen in kurzen Zwischenräumen in London zusammen, während andere Gesellschaften in den Universitätsstädten und anderen geistigen und industriellen Mittelpunkten des Landes ihre Versammlungen halten und einerseits Zeugniss ablegen von grosser geistiger Thätigkeit, andererseits aber auch beitragen zu der Erreichung der Resultate, welche die Gründer der British Association im Auge gehabt haben. Sehen wir uns sodann die ausserordentliche Entwickelung der wissenschaftlichen Journalistik an, so kann es kaum befremden, wenn wir zuweilen die Meinung aussprechen hören, die Association habe ihre Mission erfüllt und könne nun den Fachgesellschaften, die sie geholfen in's Leben zu rufen, ihren Platz überlassen. Auf der anderen Seite dagegen kann geltend gemacht werdeu, dass der glänzende und durch die umfassende Ansprache meines ausgezeichneten Amtsvorgängers, Sir John Lubbock's so gehobene Erfolg der letzten Jubiläums-Versammlung zum Wenigsten bewiesen habe, dass die British Association in der Theilnahme ihrer Mitglieder nichts verloren habe; und unter solchen Umständen fällt uns die Aufgabe zu, in dieser, die zweite Hälfte des Jahrhunderts eröffnenden, ordentlichen Versammlung zu erwägen, worauf wir besonders unser Augenmerk zu lenken haben, um der Association auch fernerhin ein erfolgreiches und nutzenbringendes Wirken zu sichern.

Wenn die Gelegenheit sich mit der Wissenschaft bekannt zu machen zugenommen hat, so ist dies noch mehr mit der Nothwendigkeit wissenschaftlicher Forschung der Fall. Es gab eine Zeit, wo die Wissenschaft nur von einigen Wenigen gepflegt wurde, die es fast unter ihrer Würde hielten, dieselbe für Industrie und Kunst zu verwerthen; dies überliessen sie gerne Anderen, die bei ihren ausschliesslich geschäftlichen Zwecken nicht daran dachten, wissenschaftliche Probleme ihrer selbst willen zu fördern, sondern die ihr Augenmerk einzig und allein darauf richteten, von den Errungenschaften der Wissenschaft materielle Vortheile zu erzielen. Unter solchen Umständen war ein schneller Fortschritt nicht denkbar; denn der Mann der reinen Wissenschaft verfolgte seine Forschung nur selten weiter als bis zur theoretischen Feststellung eines physikalischen oder chemischen Prinzips, während auf der anderen Seite der einfache Praktiker die neuen Ideen nicht mit seinen Erfahrungen, die sein geistiges Geschäftskapital bildeten, in Uebereinstimmung zu bringen vermochte.

Der Fortschritt der letzten fünfzig Jahre hat jedoch, wie ich glaube, Theorie und Praxis so abhängig von einander gemacht, dass engste Gemeinschaft zwischen beiden für unser ferneres Wohl unerlässlich ist. Nehmen wir z. B. die Färberei, so finden wir, dass durch die Entdeckung neuer Farbstoffe, die aus Abfallprodukten, wie Kohlentheer, gewonnen werden, diese Kunst sehr erhebliche Umgestaltungen erfahren hat und der Praktiker eine genaue Kenntniss der wissenschaftlichen Chemie absolut nicht mehr entbehren kann. In der Telegraphie, sowie bei der neuen Anwendung der Elektricität für Beleuchtungs- und Kraftübertragungszwecke, sowie für metallurgische Operationen stösst man unausgesetzt auf Probleme, zu deren Lösung nicht allein eine ganz genaue Kenntniss der wissenschaftlichen Elektricitätslehre, wie die rein theoretischen Untersuchungen im Laboratorium sie uns ermitteln, erforderlich ist, sondern thatsächlich noch mehr. Beim Maschinenbau im Grossen und Ganzen genommen, ist die einfach praktische Kunst, eine Maschine zu konstruiren, die so entworfen und abgemessen ist, dass sie mechanisch die gewünschte Wirkung hervorbringt, nicht mehr genügend. Unsere grössere Vertrautheit mit der Natur des gegenseitigen Verhaltens der verschiedenen Formen der Energie lässt uns die theoretischen Grenzen der Leistung klar erkennen, und diese, obschon ausserhalb unseres absoluten Bereichs, mögen immerhin als die Asymptoten angesehen werden, welchen der hyperbolische Weg des praktischen Fortschritts sich möglichst zu nähern hat. Ausserdem kommen Fälle vor, wo die Verwendung neuer Construktionsmaterialien oder das Verlangen nach neuen Wirkungen die früheren Normen vollständig unzureichend machen. In allen diesen Fällen muss praktisches Können mit der fortgeschrittenen Wissenschaft Hand in Hand gehen, wenn das gewünschte Ziel erreicht werden soll.

Fern sei es von mir gering zu denken von den eifrigen Erforschern der Natur, die im Wissensdrang ihrem Geiste nicht gestatten in die Regionen des Nützlichkeitsprinzips und des Eigeninteresses hinabzusteigen. Sie, die Hohenpriester der Wissenschaft, fordern unsere höchste Bewunderung; für den Fortschritt der praktischen Wissenschaft jedoch können wir uns an sie nicht wenden, noch weniger freilich an jene Praktiker, die sich mehr durch Instinkt, als durch Denken leiten lassen. Den so raschen Fortschritt unserer jetzigen Zeit verdanken wir vielmehr dem Manne der Wissenschaft, der auch praktische Fragen in seinen Bereich zieht, und dem Praktiker, dessen Zeit zum Theil auch der rein wissenschaftlichen Forschung gewidmet ist; und beide verschmelzen sich mehr und mehr in Eins: als Pioniere im Reiche der Natur. Solche Männer muss wohl Archimedes sich gewünscht haben, als er verweigerte, seine Schüler die von ihm erfundenen mächtigen Wurfmaschinen bauen zu lehren und sie vielmehr aufforderte, den Grundsätzen, auf welchen die Konstruktion dieser Maschinen beruhe, ihre Aufmerksamkeit zuzulenken; solche Männer jedenfalls haben auch Telford, dem Gründer des Instituts der Civilingenieure vor Augen gestanden, als er (nach Tredgold's Idee) die Arbeit des Civilingenieurs als „die Kunst die grossen Kraftquellen in der Natur zu lenken“ bezeichnete.

Obschon die Männer der abstrakten, sowie der praktischen Wissenschaft sich behufs besserer Verfolgung spezieller Zwecke in abgesonderte Gruppen scheiden, so zeigen die obigen Betrachtungen doch, dass die Berührungspunkte zwischen den verschiedenen Wissenszweigen sich fort und fort vermehren und die letzteren sich zu einem einzigen mächtigen Baume — dem Baume moderner Wissenschaft — zu vereinigen trachten, unter dessen Schatten sich wenigstens einmal im Jahre zu versammeln, seine Pfleger ebenso nützlich wie angenehm finden werden; und wenn wir bedenken, dass dieser Baum nicht das Produkt eines einzigen Landes ist, dass er vielmehr seine Wurzeln wie auch seine Zweige weit und breit ausstreckt, so erscheint es sehr erwünscht, dass bei diesen jährlichen Zusammenkünften die anderen Nationen sich zahlreicher vertreten finden, als dies bisher der Fall gewesen. Die Fragen, welche bei unseren Zusammenkünften zur Diskussion kommen, sind ausnahmslos von allgemeinem Interesse, und viele derselben besitzen einen internationalen Charakter, wie zum Beispiel die systematische Zusammenstellung von magnetischen, astronomischen, meteorologischen und geodätischen Beobachtungen, die Herstellung eines Universalcodex zum Signalisiren auf See und zum Unterscheiden von Leuchtthürmen und vor Allem auch die Feststellung wissenschaftlicher Bezeichnungsweisen und Masseinheiten; für alle diese Fragen ist ein internationales Zusammenwirken von grösster praktischer Bedeutung.

Was Längenmasse und Gewichte angeht, so ist zu bedauern, dass England sich der zu Ende des vorigen Jahrhunderts in Frankreich eingeleiteten Bewegung immer noch fern hält; wenn wir jedoch sehen, dass für wissenschaftliche

Arbeit das metrische Mass fast ganz allgemein angenommen und seine Anwendung auch hier gesetzlich genehmigt worden ist, so darf ich hoffen, dass seine allgemeine Adoptirung für geschäftliche Zwecke nicht lange mehr auf sich warten lassen wird. Ich bin überzeugt, dass eine solche Massnahme dem englischen Handel sehr grosse praktische Vortheile bringen würde; denn englische Erzeugnisse, wie z. B. Maschinen oder Metalle, nach bestimmtem Masse ausgerollt, sind gegenwärtig in Folge der bei ihrer Herstellung dienenden Masseinheit von den continentalen Märkten fast ganz ausgeschlossen. Das hauptsächlichste Hinderniss für die Adoptirung des Metermasses ist der merkwürdig widerspruchsvolle Umstand, dass, obgleich es gesetzlich ist, dasselbe im Handel zu benutzen und obschon auch ein Exemplar des Normalmeters sich im Aichzimmer der Handelskammer aufbewahrt findet, es trotzdem unmöglich ist, legalisirte Metermassstäbe zu erhalten; und Benutzung eines nicht legalisirten Massstabes im Handel wird als Betrug angesehen. Wäre es nicht wünschenswerth, dass die British Association versuchte, den Gebrauch des Meters und des Kilogrammes hier einzuführen und als einleitenden Schritt das Gesuch an die Regierung richtete, sich bei der internationalen metrischen Commission vertreten zu lassen, deren vortreffliches Etablissement zu Sèvres, abgesehen von seinem praktischen Wirken, auch bedeutendes wissenschaftliches Interesse besitzt, als eine wohlangelegte Stätte zur Entwicklung genauer Messmethoden?

Den Längen-, Gewichts- und Zeitmassen stehen für moderne wissenschaftliche Zwecke die elektrischen Masseinheiten an Wichtigkeit am nächsten.

Die auffallend scharfen Unterscheidungen zwischen Leiter und Nichtleiter sowie der magnetischen und nicht magnetischen Substanzen, machen es uns möglich, Quantität und Wirkung der Elektricität mit beinahe mathematischer Genauigkeit zu messen; und wenn schon die eigentliche Natur dieser jüngsten aller wissenschaftlich untersuchten Formen der Energie sich noch in Geheimniss hüllt, so gehören ihre Gesetze doch zu den festbegründetsten und ihre Messinstrumente (Galvanometer, Elektrometer und Magnetometer) zu den genauesten in der Physik. Auch kann kein Wissens- oder Industriezweig genannt werden, in welchem nicht elektrische Erscheinungen auftreten, welche einen direkten und wichtigen Einfluss ausüben.

Nimmt aber die Elektricitätslehre den ersten Platz ein unter den exakten Wissenschaften, so ist es klar, dass ihre Masseinheiten auf das Genaueste festgestellt werden sollten. Dennoch war vor 20 Jahren noch sehr wenig für die Annahme eines brauchbaren Systems geschehen. Ohm hatte allerdings die festen Verhältnisse zwischen elektromotorischer Kraft, Widerstand und Stromstärke bekannt gemacht; durch Joule war das mechanische Aequivalent der Wärme und der Elektricität festgestellt worden, und Gauss und Weber hatten ihr sorgfältig ausgearbeitetes System absoluter magnetischer Masse in Vorschlag gebracht. Diese unschätzbaren Forschungen jedoch erschienen nur als vereinzelte Anstrengungen, bis endlich im Jahre 1862 auf Rath Sir William Thomson's die British Association das Comité für elektrische Masseinheiten ernannte, und der lange fortgesetzten Thätigkeit dieses Comités verdankt die Welt ein consequentes und praktisches Masssystem, welches denn auch mit einigen Abänderungen im vorigen Jahre von dem internationalen elektrischen Congresse in Paris allgemein sanktionirt worden ist.

Auf diesem Congresse, der von den ersten Physikern sämmtlicher civilisirter Länder besucht war, machte man den erfolgreichen Versuch, zwischen dem in Deutschland und einigen anderen Ländern angewendeten statischen Masssysteme und dem von der British Association entwickelten magnetischen oder dynamischen System eine Vereinigung herzustellen, wie ebenso zwischen dem im Auslande allgemein adoptirten geometrischen Widerstandsmasse, der (Werner) Siemens Einheit und der Einheit der British Association, welches letztere Mass als ein Vielfaches der Weber'schen absoluten Einheit gelten sollte, diese Bedingung jedoch nicht ganz erfüllte. Während der Congress nun das absolute System der British Association annahm, beauftragte er ein von den verschiedenen Regierungen zu erwählendes Comité mit der endgültigen Feststellung der Widerstandseinheit. Der Congress einigte sich dahin die Quecksilber-Normaleinheit für Reproduktion und Vergleichung beizubehalten, auf welche Weise sich die Vortheile beider Systeme glücklich vereinigt finden und viele werthvolle Arbeit mit benutzt wird; nur hat der Congress, anstatt elektrische Quantitäten direkt in absolutem Masse auszudrücken, ein consequentes auf Ohm, Centimeter, Gramm und Sekunde fussendes System zusammengestellt, in welchem die Einheiten einen für praktische Zwecke geeigneten Werth erhalten. Die Einheiten dieses Systems, das wir künftig als das „praktische System“ im Gegensatze zu dem „absoluten System“ bezeichnen werden, sind nach hervorragenden Physikern Ohm, Ampère, Volt, Coulomb und Farad benannt.

Ich möchte mir gestatten vorzuschlagen, dass dem vom internationalen Congress in Paris festgestellten System noch zwei weitere Einheiten hinzugefügt werden möchten. Die erste derselben ist die Einheit der Menge des Erdmagnetismus oder des Pols. Dieselbe ist von grosser Wichtigkeit und der Vorschlag von Clausius, sie „Weber“ zu benennen und auf diese Weise einen Namen zu bewahren, der so enge mit elektrischen Messungen verbunden ist und der vom Congress nur ausgelassen wurde, um Verwechselungen mit dem Werthe der Stromeinheit, mit welchem der Name früher verknüpft war, zu vermeiden, wird wohl von Wenigen anders als mit Befriedigung entgegengenommen werden.

Die andere Einheit, deren Beifügung zu der Liste ich noch vorschlagen würde, ist die der Kraft. Die Kraft, welche der Strom eines Ampère's bei der Potential-Differenz eines Volt's ausübt, ist die mit dem praktischen System zu vereinbarende Einheit. Sie könnte recht angemessen Watt genannt werden, zu Ehren jenes Altmeisters der mechanischen Wissenschaft, James Watt. Er war der erste, der einen klaren physikalischen Begriff der Kraft hatte und uns eine rationelle Methode zu ihrer Messung gab. Ein Watt ist sonach der Werth eines Ampère's multiplizirt mit einem Volt, während eine Pferdekraft 746 und ein cheval de vapeur 735 Watt ist.

Das System elektromagnetischer Einheiten würde sonach, wie folgt, sein:

1. Weber, die Einheit für magnetische Quantität
   $= 10^8$ C. G. S.-Einheiten.
2. Ohm, die Einheit für Widerstand
   $= 10^9$ C. G. S.-Einheiten.
3. Volt, die Einheit für elektromotorische Kraft
   $= 10^8$ C. G. S.-Einheiten.
4. Ampère, die Einheit für Strom
   $= 10^{-1}$ C. G. S.-Einheiten.
5. Coulomb, die Einheit für Quantität
   $= 10^{-1}$ C. G. S.-Einheiten.
6. Watt, die Einheit für Kraft
   $= 10^7$ C. G. S.-Einheiten.
7. Farad, die Einheit für Capacität
   $= 10^{-9}$ C. G. S.-Einheiten.

Ehe die Liste als vollständig angesehen werden kann, dürften noch zwei weitere Einheiten beizufügen sein, deren eine die Einheit des magnetischen Feldes und die andere diejenige von Wärme mit Rücksicht auf das elektro-magnetische System auszudrücken hätte. Sir William Thomson schlug die erstere auf dem Pariser Congress vor und wies darauf hin, dass es angebracht sein würde, sie nach Gauss zu benennen, welcher die Beobachtungsresultate des Erdmagnetismus theoretisch sowohl wie praktisch zuerst in absolutem Masse ausgedrückt hat. Das Gauss würde demnach als die Intensität desjenigen magnetischen Feldes zu bezeichnen sein, welches durch ein Weber in der Entfernung eines Centimeters erzeugt wird, und das Weber würde die absolute C.G.S.-Einheit der Stärke des magnetischen Poles sein. Sonach wäre die Kraft, welche zwei als Punkte gedachte Pole, jeder von der Stärke eines Weber's, in der Entfernung Eins ausüben, ein Dyne, das heisst die Kraft, welche eine Sekunde lang auf die Masse eines Gramm's wirkend, die Beschleunigung eines Centimeters pro Sekunde hervorbringt.

Als Wärmeeinheit hat man bisher entweder die Wärmemenge angenommen, welche erforderlich ist, um ein Pfund Wasser beim Gefrierpunkt um einen Grad Fahrenheit oder einen Centigrad zu erwärmen, oder aber diejenige Wärmemenge, welche erforderlich ist, ein Kilogramm Wasser um einen Centigrad zu erwärmen. Die Nachtheile einer solch willkürlichen Einheit liegen klar genug zu Tage, um die Einführung einer Einheit zu rechtfertigen, die auf das elektromagnetische System basirt ist, nämlich diejenige Wärmemenge, welche während einer Sekunde vom Strome eines Ampères in dem Widerstand eines Ohm's erzeugt wird. In absolutem Masse beträgt dessen Werth 10^7 C.G.S.-Einheiten und unter der Annahme des Joule'schen Aequivalents zu 42 000 000, ist es die Wärme, welche erforderlich ist, um 0,238 Gramm Wasser um einen Centigrad zu erwärmen, oder annähernd $^1/_{1000}$ der willkürlichen Einheit von einem Pfunde Wasser um einen Grad Fahrenheit oder $^1/_{4000}$ derjenigen von einem Kilogramm Wasser um einen Centigrad erwärmt. Eine derartige Wärmeeinheit, falls sie überhaupt annehmbar gefunden wird, könnte, denke ich, mit vollem Rechte nach Joule benannt werden, dem Manne, der sich um die Entwicklung der mechanischen Wärmetheorie so grosse Verdienste erworben hat.

Professor Clausius rühmt die Vortheile des statischen Mess-Systems seiner Einfachheit halber und zeigt, dass die numerischen Werthe beider Systeme leicht durch die Einführung eines Faktors, welchen er die kritische Geschwindigkeit zu nennen vorschlägt, verglichen werden können; diese ist, wie Weber bereits nachgewiesen hat, nahezu dieselbe, wie die Geschwindigkeit des Lichts. Es ist auf den ersten Blick nicht ersichtbar, wie mittelst eines gewöhnlichen Vielfachen, welches Geschwindigkeit darstellt, statische in dynamische Werthe verwandelt werden können, und ich verdanke meinem Freunde Sir William Thomson eine Illustration, die mir als sehr glücklich und überzeugend auffiel. Man stelle sich einen Ball aus leitender Substanz vor, so gefertigt, dass man ihn nach Wunsch zusammenschrumpfen lassen kann. Hierauf elektrisire man den Ball und lasse ihn dann mit einem darin enthaltenen beliebigen Quantum Elektricität isolirt. Man verbinde denselben sodann vermittelst eines ausserordentlich feinen Drahtes oder einer nicht ganz trockenen Seidenfaser mit der Erde und lasse ihn gerade so schell einschrumpfen, dass sein Spannungsvermögen constant bleibt, bis er die ganze Ladung abgegeben hat. Die Geschwindigkeit, mit welcher die Oberfläche des Balles sich seinem Mittelpunkte nähert, stellt das elektro-statische Mass des Leitungsvermögens der Faser dar. Hieraus ersehen wir, wie in der elektro-statischen Theorie das „Leitungsvermögen“ ganz richtig durch eine Geschwindigkeit gemessen wird. Weber hatte gezeigt, wie in der elektro-magnetischen Theorie der Widerstand, d. h. der reziproke Werth des Leitungsvermögens eines Leiters durch eine Geschwindigkeit gemessen werden kann. Die kritische Geschwindigkeit, welche bei ein und demselben Leiter zum Messen des Leitungsvermögens in der elektro-statischen und des Widerstands in der elektro-magnetischen Rechnungsweise dient, misst die Zahl elektro-statischer Einheiten in der elektro-magnetischen Einheit elektrischer Quantität.

Ohne die Zusammenkunft des mit endgültiger Feststellung des Ohm's betrauten internationalen Comité's abzuwarten, hat eines der hervorragendsten Mitglieder desselben, Lord Rayleigh, im Vereine mit seiner Mitarbeiterin, der Mrs. Sidgwick, seine wichtigen Untersuchungen auf diesem Gebiete in dem Cavendish-Laboratorium fortgesetzt und der Royal Society kürzlich ein Resultat vorgelegt, welches an Genauigkeit wahrscheinlich nicht zu übertreffen sein wird. Seine letzten Bestimmungen bringen ihn in nahe Uebereinstimmung mit Dr. Werner Siemens, indem Lord Rayleigh 0,95418 und Dr. Werner Siemens 0,9536 der B.A. Einheit als Werth der Quecksilber-Einheit gefunden hat, oder eine Quecksilber-Einheit = $0{,}9413 \times 10^9$ C.G.S.-Einheiten.

Kurz nach Veröffentlichung der Ergebnisse von Lord Rayleigh's jüngsten Untersuchungen, theilten die Herren Glazebrook, Dodds und Sargant von Cambridge der Royal Society zwei nach verschiedenen Methoden ausgeführte Bestimmungen des Ohm's mit; und es ist sehr zufriedenstellend zu sehen, dass der gefundene Werth erst in der vierten Dezimale von dem des Lords Rayleigh abweicht:

Lord Rayleigh . . 1 Ohm $= 0{,}98651 \ \frac{\text{Erd-Quadrant}}{\text{Sekunde}}$;

Messrs. Glazebrook etc. 1 „ $= 0{,}986271$ „

Professor E. Wiedemann in Leipzig betonte neulich die grosse Wichtigkeit einer möglichst genauen Feststellung der Ohm'schen Einheit und führt zu diesem Zwecke vier verschiedene Berechnungsmethoden an, die unzweifelhaft sämmtlich versucht werden sollten, um wo möglich übereinstimmende Resultate zu erzielen, da von deren Genauigkeit das ganze zukünftige System der Messung der Energie in allen ihren Formen abhängt.

Das Wort Energie wurde in wissenschaftlichem Sinne zuerst von Young gebraucht und repräsentirt eine Auffassung neueren Datums, da es das Ergebniss der Arbeiten von Carnot, Mayer, Joule, Grove, Clausius, Clerk-Maxwell, Thomson, Stokes, Helmholtz, Macquorn-Rankine und anderer Arbeiter ist, welchen die Wissenschaft mit Bezug auf die wirksamen Kräfte in der Natur ebensoviel verdankt, wie die Chemie einem Lavoisier, Dalton, Berzelius, Liebig und anderen. In dem kurzen Worte Energie finden wir sämmtliche Kraftbethätigungen der Natur, wie Elektricität, Wärme, Licht, chemische Thätigkeit, Dynamik inbegriffen; es stellt, um Dr. Tyndall's trefflichen Ausspruch zu gebrauchen, ebensoviele „Arten der Bewegung" dar. Es ist leicht einzusehen, dass, wenn wir erst ein bestimmtes numerisches Verhältniss zwischen diesen verschiedenen Arten der Bewegung festgestellt haben, wir dann auch zum Voraus wissen, welches höchste Resultat wir überhaupt bei der Umwandlung einer Energieform in eine andere erzielen können und inwieweit die Mittel, welche uns für diesen Zweck zu Gebote stehen, zur Erreichung dieses höchsten Resultates hinreichend sind. Der Unterschied zwischen der höchsten theoretischen und der thatsächlich erzielten Wirkung wird gewöhnlich Verlust genannt, repräsentirt in Wirklichkeit aber, da Energie unzerstörbar ist, eine sekundäre Wirkung, die wir ohne unseren Wunsch erzielen. So stellt zum Beispiel die Reibung in den arbeitenden Theilen einer Maschine einen Verlust an mechanischer Arbeit dar, ist jedoch ein Gewinn an Wärme; und in derselben Weise finden wir den Verlust, welcher beim Uebertragen der Elektricität von einem Punkte zum anderen entsteht, in der im Leiter erzeugten Wärme wieder. Wir finden es zuweilen zweckdienlich, die Umsetzung elektrischer Energie in Wärme-Energie auf gewissen Punkten zu vermehren, so dass die Wärmestrahlen sichtbar werden, und wir erzielen das elektrische Glühlicht. Unterbrechen wir den Leiter vollständig für eine kleine Entfernung, nachdem der Strom erzeugt ist, so verursacht dies einen starken lokalen Widerstand und bringt so den elektrischen Lichtbogen hervor, den bisher erreichten höchsten Hitzegrad. Auch Vibration ist eine Form des Energie-Verlustes in der Mechanik; wer aber möchte die von der Geige eines Joachim's oder einer Norman-Neruda ausgehenden Vibrationen Verlust nennen?

Die Elektricität ist diejenige Form von Energie, welche sich am besten dazu eignet, eine Wirkung von einem Platze zum anderen zu übertragen; der elektrische Strom passirt gewisse Substanzen — die Metalle — mit einer Geschwindigkeit, die nur beschränkt wird durch den hindernden Einfluss, welchen die elektrische Ladung umgebender Isolatoren verursacht, unter günstigen Verhältnissen aber wahrscheinlich der Geschwindigkeit der strahlenden Wärme und des Lichtes, d. h. 300 000 Kilometern in der Sekunde nahe kommt. Dagegen geht der Strom nicht durch oxydirte Substanzen, wie Glas und Gummi, noch durch Gase, es sei denn, dass dieselben sich in sehr vedünntem Zustande befinden. Der elektrische Strom kann daher leicht eingegrenzt und durch enge Kanäle von ungewöhnlicher Länge geleitet werden. Einen solchen engen Kanal sehen wir in dem Leitungsdrahte eines atlantischen Kabels; derselbe besteht aus einem Kupferdraht oder einer Litze von Drähten von 5 mm Durchmesser bei einer Länge von nahezu 5000 Kilometern, der mit einem ungefähr 4 mm dicken Gutta-Percha-Ueberzug umhüllt ist. Der Strom einer kleinen galvanischen Batterie, welcher in diesen engen Kanal eintritt, zieht die lange Reise nach Amerika in dem guten Leiter und durch die Erde zurück, dem kürzeren Wege durch das 4 mm dicke isolirende Material vor. Vermöge einer verbesserten Einrichtung lässt man die Wechselströme, welche bei langen unterseeischen Kabeln verwendet werden, den Stromkreis nicht thatsächlich schliessen, sondern man lässt sie auf der Empfangsstation in einen Condensator treten, nachdem sie dem Empfangsinstrument, dem wundervollen Syphon Recorder Sir William Thomson's ihre ausserordentlich leichte aber zuverlässige Wirkung mitgetheilt haben. Der Kanal ist so vollkommen und die Arbeit sowohl der Absendungs- wie der Empfangsinstrumente eine so genaue, dass zu gleicher Zeit zwei Reihen elektrischer Signale in entgegengesetzter Richtung durch das Kabel geschickt werden können, ohne dass die Lesung derselben an der betreffenden Endstation dadurch beeinflusst wird. Durch Anwendung dieser doppelten Arbeitsweise beim Direct United States Kabel unter Dr. Muirhead's Oberleitung wurde dessen Leistungsfähigkeit von 25 auf 60 Worte in der Minute erhöht, was etwa zwölf Strömen oder primären Impulsen in der Sekunde entspricht. Man darf sich jedoch nicht vorstellen, dass solche von beiden Enden der Linie gleichzeitig abgeschickte Stromimpulse nach Art zweier, getrennten Systemen angehörigen Flüssigkeiten aneinander vorbeigehen; denn eine solche Annahme würde das Vorhandensein der Trägheit im elektrischen Strom bedingen, und obgleich die schliessliche Wirkung einem solchem Verhalten entspricht, so beruht sie doch auf ganz anderen Ursachen, nämlich darauf, dass auf jedem Ende ein lokaler Stromkreis automatisch in Wirksamkeit tritt, sobald von beiden Seiten der Linie zur selben Zeit gleich gerichtete Ströme geschickt werden. Durch weitere Ausdehnung desselben Prinzips ist die gleichzeitige Doppeltelegraphie ermöglicht worden, obschon noch nicht bei langen unterseeischen Linien.

Die hierzu verwendeten schwachen Ströme werden an Empfindlichkeit und schneller Aufeinanderfolge aber bei Weitem von denen übertroffen, welche wir durch jenes Wunder der Gegenwart, das Telephon, kennen gelernt haben. Die elektrischen Ströme, welche die durch die menschliche Stimme hervorgerufenen Schwingungen eines Diaphragmas erzeugen, variiren in Bezug auf ihre Aufeinanderfolge und Stärke nothwendiger Weise mit der Zahl und der Stärke dieser Schwingungen; und ein jeder Strom, der den Elektromagneten im Empfangsinstrumente erregt, bringt in dem als Anker funktionirenden eisernen Diaphragma, je nach seiner Stärke, eine grössere oder geringere Durchbiegung hervor. Savart hat gefunden, dass der Grundton *a* durch 440 vollständige Schwingungen in der Sekunde hervorgebracht wird; wie gross aber muss dann die Raschheit und Modulationsfähigkeit des Stromes und der magnetischen Variationen sein, welche dazu gehören, um dem Ohre durch die Vermittlung des vibrirenden Ankers eine solche Mannigfaltigkeit menschlicher Stimmen und musikalischer Instrumente zu übermitteln, wie sie bei Aufführung einer Oper vorkommt? Und doch konnte man auf der pariser elektrischen Ausstellung Aufführungen in der grossen Oper durch ein Paar der doppelten telephonischen Empfangsinstrumente, welche mit einem Paar Absendeinstrumenten in Verbindung standen, die vor den Lampenreihen auf der Bühne aufgestellt waren, nicht allein deutlich hören, sondern sogar einen Kunstgenuss sich damit verschaffen. Durch das Telephon und das ihm ebenbürtig zur Seite stehende Mikrophon werden die Namen von Reis, Graham Bell, Edison und Hughes für immer in Erinnerung bleiben.

Bei der ausserordentlich geringen Stärke der Telephonströme, werden dieselben leicht durch etwaige Induktionsströme aus benachbarten Telegraphenleitungen gestört und so die von ihnen zu übermittelnden Worte oder Töne verstümmelt werden. Um dieses zu vermeiden, müssen die Telephondrähte, wenn sie in der Luft ausgespannt sind, von den Telegraphendrähten in einiger Entfernung gehalten und an besonderen Pfosten befestigt werden. Ein anderer Weg zur

Vermeidung dieser störenden Einflüsse besteht darin, dass man zwei für sich isolirte Telephondrähte zu einer Litze zusammendreht; die beiden Leiter bilden auf diese Weise für sich einen metallischen Schliessungskreis ohne Benutzung der Erde und der arbeitende Strom empfängt nun zugleich sich entgegenwirkende Induktionsströme und wird daher von denselben nicht beeinflusst. Diese Anordnung macht jedoch anstatt einer jedesmal zwei isolirte Drahtleitungen für einen Satz Instrumente nothwendig, wodurch die Einrichtung wesentlich vertheuert wird. Um dies zu vermeiden, hat nun Mr. Jacob neuerdings vorgeschlagen, Paare solcher metallischer Stromkreise als besondere Arbeitspaare und diese wieder mit anderen Arbeisspaaren zu combiniren, auf welche Weise ebensoviele Telephone ohne Störungen von Aussen gearbeitet werden können, als einzelne Drähte zur Verwendung gelangt sind. Das Arbeiten von Telephonen und Telegraphen in einem metallischen Stromkreise hat sodann noch den Vortheil, dass die gegenseitige Volta - Induktion zwischen den fortgehenden und den zurückkommenden Strömen den Durchgang begünstigt und gleichzeitig auch die hemmenden Einwirkungen der in den unterirdischen oder unterseeischen Leitern enthaltenen Ladungen neutralisirt. Diese Bedingungen erweisen sich ganz besonders günstig für die unterirdischen Leitungen, welche dem noch immer herrschenden überirdischen System ausserdem aus dem sehr wichtigen Grunde vorzuziehen sind, dass sie von atmosphärischer Elektricität, schwerem Schneefall oder heftigen Stürmen nicht beeinflusst werden, welche uns häufig genug in die Zeit vor der Telegraphie zurückversetzen, in welcher der Briefträger unser schnellster Bote war.

Das System unterirdischer Telegraphen, das von Werner Siemens in den Jahren 1847 und 1848 zuerst in Deutschland eingeführt worden war, wurde technischer Schwierigkeiten halber für einige Zeit durch das überirdische System verdrängt; in den letzten vier Jahren ist es aber wieder in Aufnahme gekommen, und sämmtliche wichtigeren Städte Deutschlands finden sich nun durch mehrdrähtige solid gearbeitete Landkabel verbunden. Die ersten Kosten bei diesem Systeme stellen sich allerdings hoch (nämlich auf etwa £ 38. pro Kilometer Leitung gegen £ 8. 10. — Kosten der Landlinien); da unterirdische Drähte jedoch nicht der öfteren Reparatur und Erneuerungen bedürfen und ausserdem einen ununterbrochenen Dienst verbürgen, so stellt sich das System zuletzt doch als das billigere und bessere dar. Die bei der ersten Einführung der unterirdischen Leitungen in Deutschland gesammelten Erfahrungen erwiesen sich übrigens insofern sehr nützlich, als sie uns das Auftreten der Ladungserscheinungen, sowie der verschiedenen Fehler in dem isolirenden Drahtüberzuge zum ersten Male zeigten, beides Dinge, die zuvörderst genügend gekannt sein mussten, ehe man mit nur einiger Aussicht auf Erfolg an die unterseeische Telegraphie gehen konnte.

Was nun die Uebertragung der Kraft auf Entfernungen anbelangt, so ist die Elektricität hierdurch mit der comprimirten Luft, dem hydraulischen Accumulator und der Seiltransmission, wie sie in Schaffhausen zur Nutzbarmachung der Kraft des Rheinfalls verwendet wird, in Konkurrenz getreten. Die Umsetzung elektrischer in mechanische Energie lässt sich bewirken ohne einen grösseren Verlust, als von unvermeidlichen Ursachen, wie Reibung und Erwärmung der Drähte herrührt; in einer gut konstruirten dynamo-elektrischen Maschine beträgt derselbe aber, wie Dr. John Hopkinson nachgewiesen hat, kaum mehr als zehn Prozent und meine eigenen jüngsten Experimente lassen mich hoffen, dass man der schliesslichen Vollkommenheit noch näher kommen kann. Bleiben wir der Sicherheit halber jedoch bei Dr. Hopkinson's Berechnung und nehmen wir für die Wiederumsetzung des

Stromes in mechanische Arbeit den gleichen Prozentsatz an, so stellt sich ein Gesammtverlust von 19 Prozent heraus. Hierzu kommt noch der Verlust durch elektrischen Widerstand in den Verbindungsdrähten, welcher von deren Länge und Leitungsfähigkeit abhängt, und ferner der Verlust, welcher durch die in Folge von Reibung verursachte Erhitzung der arbeitenden Theile der Maschine entsteht. Nehmen wir hierfür nun dasselbe, wie für den durch zweimalige Umsetzung entstehenden Verlust an, so bleibt uns in der Entfernung noch ein Nutzwerth von 100 — 38 = 62 Prozent übrig, was auch mit den Resultaten von Experimenten übereinstimmt. In der Praxis würde es jedoch vorerst noch nicht sicher sein, auf mehr als 50 Prozent schliesslichen Nutzwerth zu rechnen, nachdem allen Nebenverlusten Rechnung getragen worden ist.

Bei Benutzung von zusammengepresster Luft oder von Wasser zur Kraft-Uebertragung darf der Verlust auf nicht weniger als 50 Prozent gesetzt werden, und ausserdem muss man in Betracht ziehen, dass es sich hier um den Widerstand von Flüssigkeit handelt, wobei die Verluste mit der Entfernung rascher zunehmen, als dies bei der Elektricität der Fall ist. Nehmen wir aber immerhin den Kraftverlust in sämmtlichen Fällen auf 50 Prozent an, so stellt sich elektrische Transmission noch immer insofern vortheilhafter, als ein isolirter Draht hier eine Arbeit verrichtet, zu der im anderen Falle Röhren von grosser Widerstandsfähigkeit gegen inneren Druck erforderlich sind, deren Anschaffungs- und Unterhaltungskosten sich jedenfalls höher stellen. Um den elektrischen Stromkreis zu vervollständigen, bedarf es jedoch eines zweiten metallischen Leiters, da die Leitungsfähigkeit der Erde in Folge der Polarisation für starke Ströme nicht zuverlässig gefunden wird; dieser zweite Leiter braucht aber nicht isolirt zu sein, weshalb recht wohl Wasser oder Gasröhren, Eisenbahnschienen oder Drahteinzäunungen für den gewünschten Zweck zu Hülfe gezogen werden können. Der geringe Raum, welchen der elektrische Motor beansprucht, seine bedeutende Arbeitsgeschwindigkeit und das Nichtvorhandensein von Abfallsprodukten, machen ihn ganz besonders geeignet, Krahnen und leichter Maschinerie jeder Gattung Kraft zuzuführen. Ein Kraftverlust von 50 Prozent steht seiner Verwendung zu solchen Zwecken nicht im Wege; denn wir wissen, dass eine grosse central situirte Dampfmaschine bester Konstruktion zwei Pfund Kohlen pro Pferdekraft und Stunde verbraucht, während kleine da und dort vertheilte Maschinen dazu fünf Pfund benöthigen. Schon die Ersparniss an Heizmaterial spricht somit zu Gunsten elektrischer Transmission, ganz abgesehen von der Arbeitsersparniss und anderen mehr nebensächlichen Vortheilen, welche die Zinsen der Einrichtungskosten mehr als aufwiegen.

Auch zur Verwendung in der Landwirthschaft, um die verschiedenen Arbeiten in Haus und Feld von einem Mittelpunkte aus zu vollbringen, scheint die elektrische Transmission recht zweckmässig zu sein. Ich selbst benutze ein solches System seit mehr als zwei Jahren im Vereine mit elektrischer Beleuchtung und Gartenbau und bin in der Lage, seine geringen Kosten und die Leichtigkeit, mit welcher auch unerfahrene Personen dasselbe arbeiten können, zu konstatiren.

Was die Einwirkung des elektrischen Lichtes auf das Wachsthum der Pflanzen anbelangt, so ist meinem vorjährigen Vortrage in der Abtheilung A, dessen Druck zusammen mit dem Bericht angeordnet wurde, höchstens noch beizufügen, dass die Experimente mit Weizen, Gerste, Hafer und anderen im Freien gesäten Cerealien einen bemerkenswerthen Unterschied zwischen dem Wachsthum der dem elektrischen Lichte ausgesetzten und der ihm nicht ausgesetzten Pflanzen ergeben haben. Dies wurde erst gegen Ende Februar sichtbar, wo bei dem ersten milden Wetter die Pflanzen unter Einwirkung einer in 5 Meter Höhe angebrachten elektrischen Lampe von 4000

Lichtstärken sich ausserordentlich schnell entwickelten, so zwar, dass sie Ende Mai über 4 Fuss hoch standen mit den Aehren in voller Blüthe, während die dem Licht nicht ausgesetzten Halme unter zwei Fuss hoch waren und noch keine Spur von Aehren zeigten.

Bei der ersten elektrischen Eisenbahn, welche Dr. Werner Siemens 1879 in Berlin konstruirte, wurde dem Wagen oder Wagenzug die elektrische Energie durch die beiden Schienen, auf welchen er sich fortbewegte, mitgetheilt; die nöthige Isolirung der Schienen von einander erzielte man dadurch, dass man sie auf mit Steinkohlentheer wohlgetränkte Querschwellen legte. Auf der Pariser elektrischen Ausstellung führte man den Strom durch zwei getrennte Leitungen zu, die in gleitendem oder rollendem Contakt mit dem Wagen standen, während für die jetzt im Norden von Irland im Bau befindliche elektrische Eisenbahn, die nach ihrer Vollendung eine Länge von zwölf Meilen besitzen wird, eine an der Seite der Bahn entlang laufende besondere Leitung benutzt wird und die Schienen als Rückleitung dienen, die in diesem Falle nicht isolirt zu sein brauchen; sekundäre Batterien sollen dazu dienen, den Ueberschuss an Energie, der beim Bergabfahren entsteht, anzusammeln, um denselben dann bei grossen Steigungen oder bei Bahnübergängen, bei denen die seitliche Leitung nicht anwendbar ist, wieder auszugeben. Das elektrische Eisenbahnsystem besitzt der Pferde- und Dampfkraft gegenüber grosse Vortheile bei Anwendung in Städten, Tunneln und in allen solchen Fällen, wo natürliche Kraftquellen, wie z. B. Wasserfälle zur Verfügung stehen; in der Voraussetzung jedoch, dass es in seinem gegenwärtigen Entwicklungsstadium dem Dampfe bei gewöhnlichen Eisenbahnen den Rang streitig machen könne, würde man sich sehr irren. Ein weiterer Vortheil der Kraftübertragung mittelst elektrischer Leitungen im Vergleich mit den anderen Arten der Krafttransmission liegt noch darin, dass — unter der Voraussetzung, dass der Widerstand der Schienen kein sehr grosser ist — die der Lokomotive mitgetheilte Kraft ihr Maximum erreicht, wenn die Schnelligkeit der Bewegung auf ihrem Minimum steht, nämlich zu Anfang derselben und beim Antreffen aussergewöhnlicher Schwierigkeiten, während beim normalen Arbeiten der beste Nutzeffekt erzielt wird, wenn die Geschwindigkeit der Maschine, welche die Kraft ausübt, nahezu derjenigen der stromerzeugenden Maschine gleichkommt.

Die älteste Nutzanwendung des elektrischen Stromes ist vielleicht die zum Niederschlagen der Metalle aus ihren Lösungen; doch erst seit Kurzem benutzt man dynamo-elektrische Maschinen zum Reinigen von Kupfer und anderen Metallen, wie dies gegenwärtig in Birmingham und anderen Orten, in besonders grossem Massstabe aber in Ocker in Deutschland gesehen werden kann, woselbst ein Wasserrad die bewegende Kraft liefert. Die dort in Anwendung gebrachte Dynamo-Maschine war von Dr. Werner Siemens auf der Pariser elektrischen Ausstellung ausgestellt; dieselbe ist dadurch besonders bemerkenswerth, dass die Windungen auf dem rotirenden Induktor aus massiven Kupferstäben von einer Stärke von 30 mm im Quadrat bestehen, die sich als gerade genügend erweisen, um die für solche Arbeit erforderte grosse Elektricitätsmenge von niedriger Spannung fortzuleiten. Eine solche vier Pferdekraft erfordernde Maschine schlägt in 24 Stunden circa 300 Kilogramm Kupfer nieder.

Auch zu Heizzwecken lässt sich die elektrische Energie benutzen; doch kann sie, solange nur gewöhnliche Hitzegrade in Frage kommen, mit Rücksicht auf die Billigkeit unmöglich mit der direkten Verbrennung von Brennmaterialien verglichen werden. Bunsen und St. Claire de Ville haben uns aber gezeigt, dass die Verbrennung nur noch sehr langsam von Statten geht, sobald eine Temperatur von 1800 Centigrad erreicht ist;

für Zwecke, bei denen höhere Temperaturen als diese erforderlich sind, wird dann wahrscheinlich der elektrische Schmelzofen nützliche Verwendung finden. Der spezifische Vortheil desselben besteht in dem anscheinend unbegrenzten Grade von Hitze, der sich damit erreichen lässt und so für den Chemiker und Metallurgen ein neues Forschungsfeld eröffnet. In einem solchen Ofen ist Wolfram geschmolzen und eine Quantität von 8 Pfund Platin in Zeit von 20 Minuten aus dem festen in flüssigen Zustand gebracht worden.

Die grösste und ausgedehnteste Verwendung der elektrischen Energie ist gegenwärtig für Beleuchtung; da in letzter Zeit jedoch soviel für und gegen dieses neue Beleuchtungsmittel gesagt und geschrieben worden ist, so will ich mich hier auf einige allgemeine Bemerkungen beschränken. Joule hat gezeigt, dass sämmtliche Energie, die der elektrische Strom beim Passiren durch einen Conduktor verliert, in Wärme umgesetzt wird, oder aber, durch Lokalisirung des Widerstandes, in strahlende Energie, die in der Form von Wärme, Licht und chemisch wirkenden Strahlen auftritt. Weder die dunkeln Wärmestrahlen noch die ultravioletten von höchster Brechbarkeit wirken auf die Netzhaut des Auges und können deshalb als Kraftverlust angesehen werden, während die wirksamen Strahlen des Spektrums zwischen roth und violett liegen und vereint die Wirkung des weissen Lichtes hervorbringen.

Mit Bezug auf das Verhältniss zwischen leuchtenden und nicht leuchtenden Strahlen, die der elektrische Lichtbogen oder der glühende Draht aussendet, liegt eine höchst werthvolle Untersuchung von Dr. Tyndall vor, worüber er uns in seinem Werke über „Strahlende Wärme“ Mittheilung macht. Dr. Tyndall zeigt, dass die von einem auf höchste Glühhitze (etwa 1700° C.) gebrachten Platindrahte ausgehenden leuchtenden Strahlen den 24. Theil der im Ganzen ausgesandten strahlenden Energie ausmacht und den zehnten Theil der Energie, wenn die Strahlen von einem Bogenlichte ausgehen, das durch eine Batterie von 50 Grove'schen Elementen in's Leben gerufen wird. Um diese werthvollen Daten auch auf die durch Dynamo-Ströme bewirkte elektrische Beleuchtung anzuwenden, müssen wir zunächst die Grösse der Kraft der von Dr. Tyndall angewendeten 50 Grove'schen Elemente nach der nunmehr massgebenden, praktischen Einheitsskala bestimmen. Einige von mir kürzlich angestellte Experimente haben erwiesen, dass 50 Zellen von der Grösse, wie sie Dr. Tyndall angewendet hat, eine elektromotorische Kraft von 98,5 Volt und einen inneren Widerstand von 13,5 Ohm besitzen, während sie einen Strom von 7,3 Ampère hervorbringen, wenn die Zellen kurz geschlossen sind. Der Widerstand eines Regulators, wie sich Dr. Tyndall dessen bei seinen Experimenten bedient hat, mag als 10 Ohm angenommen werden; der im Bogen erzeugte Strom würde $\frac{98.5}{13.5 + 10 + 1} = 4$ Ampère betragen (wenn man für die Leitungsdrähte 1 Ohm gestattet) und der Kraftconsum beträgt $10 \times 4^2 = 160$ Watt. Die Lichtkraft eines solchen Bogens ist gleich circa 150 Kerzen, und wenn wir diese mit einem durch 1162 Watt erzeugten Lichtbogen von 3308 Lichtstärken vergleichen, so ergiebt sich, dass $\frac{1162}{160}$, d. h. die 7,3fache elektrische Energie $\left(\frac{3308}{150}\right)$ i. e. die 22fache Lichtmenge, horizontal gemessen, hervorbringt. Wenn daher in Dr. Tyndall's Bogen ein Zehntel der ausgesandten strahlenden Energie als Licht sichtbar war, so folgt, dass in einem starken Bogen von 3300 Kerzen $\frac{1}{10}$ $\frac{22}{7,3}$, also reichlich $^1/_3$ der strahlenden Energie Lichtstrahlen sind. Beim Glühlicht (z. B. bei einem Swanlicht von 20 Kerzen) ist, wie uns die praktische Erfahrung lehrt, ungefähr der neunfache Kraftaufwand wie beim Bogenlicht erforderlich: $^1/_3 \times {}^1/_9 = {}^1/_{27}$ der Kraft ist ausgegeben als leuchtende Strahlen, ein Resultat, das dem bei Dr. Tyndall's glühendem Platindraht gewonnenen $^1/_{24}$ hinreichend nahe kommt, wenn man in Betracht zieht, unter welch' verschiedenen Verhältnissen die Werthe dieser beiden Lichtarten gemessen worden sind.

Diese Resultate sind nicht nur von unstreitig praktischem Werthe, sondern stellen allem Anschein nach auch ein gewisses Verhältniss zwischen dem Strome, der Temperatur und dem erzeugten Lichte fest, das uns in Zukunft wohl behülflich sein dürfte, die den Schmelzpunkt des Platins überschreitenden Temperaturen mit grösserer Genauigkeit zu bestimmen, als dies bisher durch actinimetrische Methoden ermöglicht war, wobei die Dichtigkeit der leuchtenden Atmosphäre jedenfalls hinderlich sein muss. Hieraus erklärt sich wahrscheinlich auch, dass die Temperatur des elektrischen Bogens sowie der Sonnen-Photosphäre häufig sehr überschätzt worden ist.

Was vor allen Dingen zu Gunsten des elektrischen Lichtes spricht, ist sein Freisein von Verbrennungsprodukten, die nicht nur die erleuchteten Räume erhitzen, sondern auch einen Theil des zum Athmen nothwendigen Sauerstoffs durch Kohlensäure und schädliche Schwefelverbindungen ersetzen; dabei ist das elektrische Licht nicht gelb, sondern weiss und lässt daher Gemälde, Zimmerausstattungen und Blumen in demselben Lichte wie bei Tage erscheinen; ausserdem befördert es das Wachsthum der Pflanzen, anstatt vergiftend auf dasselbe einzuwirken, und mit seiner Hülfe sind wir in den Stand gesetzt, Photographiren und viele andere Gewerbe bei Nacht ebenso gut wie bei Tage auszuführen. Dem Uebelstande, der häufig als Faktor gegen das elektrische Licht hervorgehoben wird, dass dasselbe von der gleichförmigen Bewegung der unvorhergesehenen Störungen ausgesetzten Dampf- und Gasmaschinen abhängt, wird durch die praktische Verwerthung der sekundären Batterie begegnet, die, wenn auch nicht neu, so doch erst kürzlich an

Kraft und Beständigkeit durch die Verbesserungen von Planté, Faure, Volckmar, Sellon und Anderen bedeutend gewonnen hat und für die Elektricität dasselbe zu bewerkstelligen verspricht, was der Gasbehälter für Gaszufuhr und der Accumulator für hydraulische Kraftübertragung gethan hat.

Es dürfte daher wohl kaum mehr in Frage gestellt sein, dass das elektrische Licht seinen Platz als allgemeines Beleuchtungsmittel einnehmen wird; und selbst im Falle sich der Kostenpunkt bei demselben höher stellen sollte, als beim Gase, so wird ihm doch der Vorrang gestattet werden zur Beleuchtung von Gesellschaftsräumen und Speisesälen, von Theatern und Concerträumen, von Museen, Kirchen, Magazinen, Läden, Druckereien und Fabriken, wie auch für die Beleuchtung von Kajüten und Maschinenräumen auf Passagier-Dampfern. Das billigere und weit stärkere Bogenlicht hat sich als günstiger erprobt als irgend ein anderes Beleuchtungsmittel, um künstliches Tageslicht über weit ausgedehnte Hafenbauten, Eisenbahnstationen und öffentliche Gebäulichkeiten auszubreiten und in seiner Anwendung mit dem Holophot erweist es sich als ein mächtiger Bundesgenosse für militärische Operationen zu Wasser und zu Lande.

Als Motoren zur Hervorbringung des elektrischen Lichtes können auch natürliche Kraftquellen, wie Wasserfälle, die Fluthwelle und der Wind verwerthet werden; und es ist augenscheinlich, dass dieselben mit Hülfe metallischer Leitung auch auf grössere Entfernungen nutzbar gemacht werden können. Vor ungefähr 5 Jahren habe ich auf die Unermesslichkeit dieser Energie-Quellen aufmerksam gemacht und gezeigt, wie leicht dieselben mit Hülfe elektrischer Leitung für Licht- und Kraftzufuhr dienstbar gemacht werden können, während Sir William Thomson im verflossenen Jahre in York diese wichtige Frage zum Gegenstande seiner bewunderungswürdigen Anrede an die Section A gemacht und in erschöpfender Weise behandelt hat.

Die Vorzüge des elektrischen Lichts und der Kraftvertheilung auf elektrischem Wege sind kürzlich auch von der brittischen Regierung anerkannt worden, und es ist eben erst ein Gesetz im Parlament genehmigt worden, wonach die Anlage von elektrischen Leitungen in Städten nach bestimmten Regeln, die das Interesse des Publikums und der lokalen Behörden betreffen, erleichtert wird. Angenommen, dass die Kosten für elektrisches Licht und Gas, vom praktischen Standpunkte aus betrachtet, dieselben seien, so wird die Wahl, je nachdem die jedesmaligen Verhältnisse es angemessen erscheinen lassen, auf die Anwendung des einen oder des anderen fallen; ich bin jedoch geneigt zu glauben, dass die Gasbeleuchtung stets ihren Platz als Freund des armen Mannes behaupten wird.

Gas ist eine Einrichtung von höchster Wichtigkeit für den Handwerker; es bedarf kaum irgend welcher Bedienung und wird nach geregelten Bestimmungen geliefert; es giebt ein freundliches Licht, wenn es ist, wie es sein soll und erzeugt nebenbei noch eine angenehme Wärme, die häufig das Anzünden eines Feuers erspart. Auch glaube ich, dass die Zeit nicht ferne ist, wenn Reich und Arm zum Gase als dem passendsten, reinlichsten und billigsten Heizungsmittel ihre Zuflucht nehmen werden, und wenn Kohle im Rohzustande nur in Bergwerken und in Gasfabriken zu finden sein wird. In allen Fällen, wo die mit Gas zu versehende Stadt nicht mehr als 30 Meilen von der Kohlengrube entfernt ist, würde es sich rentiren, die Gasanstalten am Eingange der Grube oder noch besser auf dem Boden des Schachtes anzulegen, wodurch neben der Ersparniss aller Transportkosten für das zu verarbeitende Brennmaterial, das Gas bei seinem Aufsteigen von dem Boden der Grube wahrscheinlich auch genügenden Druck gewinnen würde, um es bis nach seinen Bestimmungsorten weiter zu treiben. Dass es möglich ist, brennbares Gas auf eine solche Distanz durch Röhren zuzuführen, hat sich in Pittsburg herausgestellt, wo natürliches Gas von den Oel-Distrikten in grossen Quantitäten für Heizungszwecke verwendet wird.

Das Monopol, wenn man so sagen darf, dessen sich die Gascompagnien so lange erfreut haben, musste natürlich hemmend auf den Fortschritt einwirken. Da das Gas nach Mass geliefert wird, so lag es augenscheinlich im Interesse der Compagnien, einmal Gas von eben gerade der vorgeschriebenen Leuchtkraft zu liefern, auf der anderen Seite aber auch die Erfindungen ökonomischer Gasbrenner nicht zu begünstigen, damit der Konsum sein Maximum erreiche. Die Benutzung von Gas für Heizzwecke fand keinen Anklang und wird auch heute noch erschwert durch den verwerflichen Gebrauch, den Druck in den Hauptröhren während der Tageszeit auf einen so niedrigen Punkt zu reduziren, als eben erforderlich ist, um das Eindringen atmosphärischer Luft zu verhindern. Die Einführung des elektrischen Lichts hat die Gastechniker und Direktoren zu der Ueberzeugung gebracht, dass eine derartige Politik unhaltbar geworden ist und der des technischen Fortschritts Platz machen muss; neue Prozesse zur Erniedrigung des Fabrikationspreises und Vermehrung der Reinheit und Leuchtkraft des Gases sind vor dem Gas-Institut genügend zur Sprache gekommen, und aus verbesserten Brennern leuchtet uns nunmehr an den Hauptverkehrspunkten unserer Stadt ein Gas entgegen, das, was den Glanz anbelangt, mit dem elektrischen Lichte rivalisirt.

Was die Bedeutung der heutigen Gas-Industrie anbelangt, so finden wir in dem statistischen Regierungsberichte, dass in England das in solchen Gasanstalten angelegte Kapital, die sich in Privathänden befinden und nicht unter Leitung von Ortsbehörden stehen, 30 Millionen Pfund Sterling beträgt; in diesen Werken werden jährlich 4 281 048 Tonnen Kohle verarbeitet, die wieder 43 000 Millionen Kubikfuss Gas produziren und ca. 2 800 000 Tonnen Koaks; während nach Berichten, welche mir durch die Freundlichkeit der Vorsteher vieler Gasfabriken und Korporationen zugegangen sind, das Totalquantum der im vereinigten Königreiche jährlich verarbeiteten Kohle auf 9 Millionen Tonnen geschätzt werden kann und die hieraus gewonnenen Nebenprodukte auf 500 000 Tonnen Theer, 1 Million Tonnen Ammoniak und 4 Millionen Tonnen Koaks. Hierzu kommen noch 120 000 Tonnen Schwefel, die bis heute noch als Abfallsprodukte zu betrachten sind.

Vor dem Jahre 1856 — d. h. ehe noch Mr. W. H. Perkin seinen praktischen Prozess erfunden hatte, hauptsächlich basirt auf den theoretischen Untersuchungen Hofman's über Steinkohlentheerbasen und die chemische Constitution des Indigos betrug der Werth des Steinkohlentheers in London kaum einen halben Penny pro Gallone und in Landdistrikten waren die Gasfabrikanten froh, wenn sie Gelegenheit fanden, ihn überhaupt loszuwerden. Bis dahin hatte sich die Steinkohlentheerindustrie hauptsächlich darauf beschränkt, durch Destilliren den Theer in seine Hauptbestandtheile: Naphtha, Kreosot, Oele und Pech zu zerlegen. Einige wenige Destillateure dagegen gewannen auch kleine Quantitäten von Benzol, das sich — wie Mansfield zuerst im Jahre 1849 gezeigt hat — in der Naphtha des Steinkohlentheers mit Toluol, Cumol etc. vermischt findet. Die Auffindung des Mauve- oder Anilinroths im Jahre 1856 hat dem Steinkohlentheerhandel einen grossen Impuls gegeben, da seine Gewinnung die Trennung grösserer Quantitäten von Benzol aus der Naphtha nöthig machte, oder besser gesagt, einer Mischung von Benzol und Toluol. Der Verkauf wurde ferner vermehrt durch die Entdeckung des Magentaroth oder des Rosanilinfarbstoffes, welcher aus denselben Produkten gewonnen wird. In der Zwischenzeit war auch Carbolsäure allmählich in den Handel eingeführt worden, hauptsächlich als Desinfectionsmittel, daneben aber auch für die Bereitung von Farbstoffen.

Den nächst wichtigsten Schritt in der Entwicklung dieses Industriezweiges verdanken wir der Entdeckung von Graebe und Liebermann, dass Alizarin, der Farbstoff der Krappwurzel, mit dem Anthracen verwandt ist, einem Kohlenwasserstoff, der im Steinkohlentheer sich vorfindet. Die Bereitung dieses Farbstoffes aus Anthracen gelang und ist heute einer der wichtigsten Prozesse in Verbindung mit der Theerdestillation. Der Erfolg des auf diese Weise gewonnenen Alizarins war so gross, dass es fast gänzlich den Gebrauch des Krapps verdrängt hat, welcher gegenwärtig nur noch in verhältnissmässig geringem Massstabe gepflanzt wird. Die wichtigsten Farbstoffe, die in jüngster Zeit eingeführt worden, sind jedoch die Azo-Farbstoffe. Sie haben die Verwerthung der Kohlenwasserstoffe des Steinkohlentheers: Cylol und Cumol in's Leben gerufen. Naphthalin wird ebenfalls zu ihrer Bereitung verwendet. Diese prächtigen Farbstoffe haben die Cochenille in vielen ihrer Anwendungen ersetzt und dadurch ihren Gebrauch bedeutend beeinträchtigt. Die Bereitung des künstlichen Indigos mit Hülfe des Toluols wurde von Professor Baeyer erfunden und ist ebenfalls von grossem Interesse; und wenn der künstliche Indigo dem natürlichen augenblicklich auch noch keine bedeutende Konkurrenz macht, so dürfte er doch der Kohlentheerindustrie einen weiteren Antrieb geben, wenn er eventuell in grösseren Quantitäten aus dem Toluol gewonnen werden sollte.

Die Farbindustrie verwerthet, vom praktischen Standpunkte aus betrachtet, heute schon von den Produkten, die durch Destillation aus dem Steinkohlentheer gewonnen werden, alles Benzol, einen grossen Theil der als Lösungsmittel dienenden Naphtha, alles Anthracen und einen Theil des

Naphthalins, und der Werth der so bereiteten Farbstoffe wird von Mr. Perkin auf £ 3 350 000 geschätzt.

Der Bedarf an Ammoniak kann wegen seiner hohen landwirthschaftlichen Bedeutung als Dünger als unbegrenzt angesehen werden, und wenn man in Betracht zieht, dass neben der Abnahme der Guanovorräthe das Bedürfniss, die Ergiebigkeit unseres Ackerlandes zu erhöhen, immer mehr zunimmt, so lässt sich nicht verkennen, dass die Förderung der Ammoniakproduktion immer mehr Gegenstand nationalen Interesses wird, für dessen Erzeugung wir ausschliesslich auf unsere Gasfabriken angewiesen sind. Aus der gegenwärtig gewonnenen einer Million Tonnen flüssiger Produkte werden 95 000 Tonnen schwefelsaures Ammoniak bereitet, die zum Preise von £ 20. 10 pro Tonne berechnet, ein jährliches Kapital von £ 1 947 500 repräsentiren.

Der jährliche Totalwerth der Nebenprodukte der Gasfabriken kann folgendermassen geschätzt werden:

für Farbstoffe	£	3 350 000
für schwefelsaures Ammoniak	„	1 947 500
für Pech (325 000 Tonnen)	„	365 000
für Kreosot (25 000 000 Gallonen) . .	„	208 000
für rohe Carbolsäure (1 000 000 Gallonen)	„	100 000
für 4 000 000 Tonnen Gaskoaks (nach Verbrauch von 2 000 000 Tonnen zur Heizung der Retorten) zu 12 S. pro Tonne gerechnet	„	2 400 000
Summa	£	8 370 500

Berechnet man die dazu nöthigen 9 Millionen Tonnen Kohle zu 12 S. pro Tonne = £ 5 400 000, so ergiebt sich, dass der Werth der Nebenprodukte allein den der Kohle schon um beinahe £ 3 000 000 überschreitet.

Beim Verbrauch von Kohle im Rohzustande für Heizungszwecke gehen diese werthvollen Produkte nicht allein gänzlich für uns verloren, sondern wir werden nebenbei auch noch mit jenen halbgasförmigen Nebenprodukten in der atmosphärischen Luft beschenkt, die dem Einwohner von London und anderen grossen Städten als Rauch nur zu wohl bekannt sind. Professor Roberts hat berechnet, dass der an einem Wintertage gleich einem Sargtuche über London hängende Russ etwa 50 Tonnen betrage und dass das in Gestalt von Kohlenwasserstoffen und in der halbverbrannten Form von giftigem Kohlenoxydgas vorhandene Quantum Kohlenstoff mindestens als fünfmal so hoch angenommen werden kann. Ausserdem hat uns Mr. Aitken in seinem interessanten Vortrage vor der Royal Society in Edinburg im vergangenen Jahre gezeigt, dass der in Folge der unvollständigen Verbrennung von Kohle entstehende feine Staub hauptsächlich bei der Nebelbildung mitwirkt, indem jedes feste Theilchen die Feuchtigkeit in der Luft anzieht; diese Nebelkügelchen werden besonders klebrig und unangenehm durch die vorhandenen Theerdämpfe: ein anderes Produkt der unvollständigen Verbrennung von Roh-Brennmaterial, welches besser in den Färbereien verwerthet werden könnte. Der schädliche Einfluss des Rauches auf den öffentlichen Gesundheitszustand, die grosse persönliche Unbehaglichkeit, die derselbe nothwendig im Geleit hat und die unermesslichen Unkosten, die derselbe indirekt durch Zerstörung unserer Monumente, Gemälde, Möbel und Kleidung verursacht, hat man auch bereits erkannt, wie sich durch den Erfolg der jüngst stattgehabten Ausstellung von Vorrichtungen herausgestellt hat, welche die Verminderung der Rauchbildung bezwecken. Das wirksamste Mittel würde jedenfalls sein, wenn das Publikum allgemein zu der Erkenntniss käme, dass, wenn Rauch auftritt, Brennmaterial verschwendet wird, und dass alle unsere Heizprozesse, von den grössten abwärts bis zu dem häuslichen Kaminfeuer, ebenso vollständig und jedenfalls ökonomischer erreicht werden können, wenn keiner der Bestandtheile des verwendeten Brennmaterials unverbrannt in die atmosphärische Luft gelangen kann. Dieses höchst wünschenswerthe Resultat kann erzielt werden durch Einführung des Gasgebrauchs für alle Heizungszwecke, mit oder ohne Zugabe von Koaks oder Anthracit.

Die billigste Gasform ist die des durch vollständiges Destilliren des Brennmaterials in solchen Gaserzeugern gewonnenen, wie sie jetzt vielfach in Glas-, Eisen- und Stahlwerken zur Heizung der Oefen im Gebrauch sind; solches Gas würde jedoch seiner Verdünnung wegen nicht geeignet sein für den Städtebedarf, indem zwei Drittel seines Volumens aus Stickstoff bestehen. Der Vorschlag des Gebrauchs von Wassergas, erzeugt durch die Zersetzung von Dampf, die dadurch bewirkt wird, dass derselbe durch eine mit Koaks gefüllte, erhitzte Kammer geleitet wird, ist ebenfalls nicht empfehlenswerth, da so gewonnenes Gas neben dem Wasserstoff noch das giftige und geruchlose Kohlenoxydgas enthält, dessen Einführung in Wohnhäuser nicht ohne beträchtliche Gefahr sein dürfte.

Eine zweckmässigere Art, Heizungsgas getrennt von Leuchtgas zu liefern, dürfte darin bestehen, dass man je nach der Destillationsperiode die Retorte mit einer von zwei verschiedenen Rohrleitungen in Verbindung brächte, wie ich anderswo vorzuschlagen Gelegenheit nahm. Vor einigen Jahren hat Mr. Ellisen von der Pariser Gasanstalt durch Experimente nachgewiesen, dass kohlenstoffreiche Gase, wie ölbildendes Gas und Acetylen hauptsächlich in dem Zeitraum entwickelt werden, der eine halbe Stunde nach dem Beginn des Destillirens anfängt und gerade mit der Hälfte des ganzen Prozesses endigt, während in der darauf folgenden Zeit hauptsächlich Sumpfgase und Wasserstoff erzeugt werden, die, wenn auch ohne grosse Leuchtkraft, für Heizzwecke desto geeigneter sind. Durch Anwendung der verbesserten Methode, Retorten mit gasförmigem Brennmaterial zu erhitzen, wie solche in Pariser Gasanstalten schon seit einer geraumen Reihe von Jahren im Gebrauch ist, kann die zur Destillation erforderliche Zeit, die früher 6 Stunden in Anspruch nahm, auf 4 oder gar 3 Stunden verkürzt werden, wie gegenwärtig bereits in Glasgow und anderen Plätzen geschieht. Auf diese Weise kann man mit einer gegebenen Zahl von Retorten neben der früher erzeugten Quantität Leuchtgas vorzüglicher Beschaffenheit noch ein ähnliches Quantum Heizgas gewinnen, wodurch einmal die Kosten der Gasproduktion vermindert, auf der andern Seite aber auch die Menge der obenerwähnten werthvollen Nebenprodukte vermehrt werden. Das Quantum des erzeugten Ammoniak's und des Heizgases kann ferner noch durch das einfache Verfahren vergrössert werden, dass man gegen Ende einer jeden Operation einen schwachen Dampfstrahl durch die erhitzten Retorten schickt, wodurch das Ammoniak und die Kohlenwasserstoffe, die noch in der erhitzten Kohle eingeschlossen sind, ausgetrieben werden und das Volumen des erzeugten Heizgases noch durch die Zersetzungsprodukte des Dampfes selbst gewinnt. Es ist gezeigt worden, dass bei zweckmässigen Einrichtungen Gas selbst unter den gegenwärtigen Bedingungen für häusliche Zwecke vortheilhaft verwendet werden kann; und es ist leicht begreiflich, dass sein Consum für Heizungszwecke sehr bald vielleicht auf das Zehnfache anwachsen würde, wenn es separat von dem Leuchtgas zum Preise von etwa einem Schillinge pro 1000 Kubikfuss geliefert werden könnte. Gas würde zu diesem Preise nicht nur die reinlichste und zweckmässigste, sondern auch die billigste Art von Brennmaterial repräsentiren, und der enorme Gewinn im Consum, die durch die Auswahl ermöglichte vorzüglichere Qualität des Leuchtgases, sowie das verhältnissmässig grössere Quantum von Nebenprodukten würde die Gaskompagnie oder Korporation für den im Vergleich zum Leuchtgase geringen Preis des Heizungsgases reichlich entschädigen.

Die grössere Wirksamkeit des Gases als Brennmaterial ist hauptsächlich dem Umstande zuzuschreiben, dass ein Pfund Gas bei der Verbrennung 22 000 Wärmeeinheiten von sich giebt, d. h. gerade das doppelte Quantum Wärme, das bei der Verbrennung gewöhnlicher Kohle erzeugt wird. Diese aussergewöhnliche Heizkraft hat ihren Grund zum Theil darin, dass das Gas frei ist von Mineral-Bestandtheilen, hauptsächlich aber in der Hitze, die dasselbe bei der Destillation gewinnt. Neuere Versuche mit Gasbrennern weisen darauf hin, dass auch nach dieser Richtung hin noch viel Raum für Verbesserung vorhanden ist.

Das Lichtquantum, welches eine Gasflamme ausgiebt, hängt von der Hitze der soliden Kohlentheilchen in der Flamme ab und Dr. Tyndall hat gezeigt, dass von der in einer solchen Flamme erzeugten strahlenden Energie nur der 25. Theil lichtgebend ist, während die heissen Verbrennungsprodukte mindestens viermal soviel Energie mit sich fortführen, als ausgestrahlt wird, so dass in der That nicht mehr als der hundertste Theil der bei der Verbrennung entwickelten Wärme in Licht umgesetzt wird. Dieses Verhältniss könnte jedoch besser gestellt werden durch Erhöhung der Temperatur bei der Verbrennung, was durch intensivere Luftströme oder durch den Regenerativprozess bewirkt werden kann. Angenommen die Hitze der Verbrennungsprodukte könnte metallischen Oberflächen mitgetheilt und durch Leitung oder auf irgend eine andere Weise auf die atmosphärische Luft übertragen werden, welche in der Flamme zur Verbrennung dient, so könnte man die Temperatur allmählich bis auf irgend einen Grad im Bereiche der Dissociationsgrenze steigern, die auf circa 2300 ° C. festgesetzt werden mag und nicht weit hinter dem Temperaturgrade des elektrischen Bogens zurückbleiben kann. Bei einer solchen Temperatur würde das Verhältniss der lichtgebenden Strahlen zu der im Ganzen bei der Verbrennung erzeugten Wärme gewiss mehr als verdoppelt und der Glanz des Lichtes gleichzeitig bedeutend erhöht werden. So vervollkommnet vermag die Gasbeleuchtung sowohl was Oekonomie als auch was Lichtglanz anbelangt, dem elektrischen Lichte gegenüber seine Ebenbürtigkeit zu behaupten, und eine derartige Concurrenz kann für das öffentliche Interesse nur von grossem Nutzen sein.

Für den häuslichen Herd ist strahlende Energie von geringerer Intensität erforderlich, und ich stimme für meine Person keineswegs mit denen überein, die den offenen Feuerherd dieses Landes durch den Ofen, wie er auf dem Continent im Gebrauch ist, verdrängt sehen möchten. Die Vortheile, die gewöhnlich für den offenen Feuerherd geltend gemacht werden, bestehen darin, dass er angenehm für's Auge ist, dass man mit dem Schüreisen darin herumstöbern kann (im Englischen „pokable"), und dass er die Ventilation unterstützt; neben diesen Vorzügen mag noch einer von weit grösserer Wichtigkeit genannt werden, nämlich, dass die strahlende Wärme, die der offene Herd ausströmt, die durchlässige Luft passirt, ohne sie zu erwärmen und dass Wärme nur den Wänden, dem Fussboden und den Möbeln im Zimmer mitgetheilt wird, die dadurch die Heizungsoberfläche für die im Zimmer befindliche, verhältnissmässig kühle Luft bilden, die mit ihnen in Berührung kommt. Beim Ofen erzeugt die erhitzte Zimmerluft feuchte Niederschläge auf den Wänden beim Erwärmen derselben und giebt dadurch Veranlassung zu Schimmel- und Spoorenbildungen, die der Gesundheit nachtheilig sind. Hieraus erklärt sich meiner Ansicht nach auch, warum man beim Eintritt in einen geheizten Raum sofort merken kann, ob derselbe durch ein offenes Feuer erwärmt wird oder nicht, und die unangenehme Empfindung, die die Ofenheizung veranlasst, kann durch mechanische Ventilation nie vollständig beseitigt werden; ausserdem ist aber auch kein vernünftiger Grund vorhanden, warum ein offener Herd nicht ebenso ökonomisch und rauchlos eingerichtet werden sollte, wie ein Ofen oder Heisswasserapparat.

Für die Hervorbringung mechanischer Arbeit durch Wärme gewährt gasförmiges Brennmaterial ebenfalls ganz auffallende Vortheile, wie aus folgender Betrachtung hervorgehen wird. Wenn es sich um die Aufgabe handelt, mit Hülfe der dynamoelektrischen Maschine mechanische in elektrische Kraft umzusetzen oder umgekehrt, so haben wir nur die äquivalenten Werthe dieser beiden Arten von Energie in Betracht zu ziehen, sowie welche Vorsichtsmassregeln geboten sind, um Verluste durch den elektrischen Widerstand der Leitung und durch Reibung zu verhüten. Die Umsetzung mechanischer Arbeit in Wärme schliesst keine Verluste in sich, es sei denn durch unvollkommene Einrichtungen, und diese können so vollständig vermieden werden, dass Dr. Joule mit Hülfe dieser Umsetzungsmethode im Stande war, die äquivalenten Werthe der beiden Energiearten genau zu bestimmen. Bei dem Versuche des umgekehrten Verfahrens aber, wo Wärme in mechanische Energie umgesetzt werden soll, haben wir es mit dem zweiten Satze der mechanischen Wärmetheorie zu thun, welcher aussagt, dass, wo immer ein gegebenes Quantum von Wärme in mechanische Arbeit umgesetzt wird, ein anderes Quantum von Energie, das jedoch je nach Umständen veränderlich ist, von einem höheren auf einen niedrigeren Werth des Potentials herabsinkt und auf diese Weise verloren geht.

In einer Kondensations-Dampfmaschine fasst die so nutzlos gewordene die dem kondensirenden Wasser mitgetheilte Wärme in sich, während die nützliche, d. h. die in mechanische Kraft umgesetzte Wärme von der Temperaturverschiedenheit des Dampfkessels und Kondensators abhängt. Die Höhe des Kesseldruckes bestimmt jedoch die Sicherheit und die Vorzüglichkeit der Konstruction, und die Höhe der Arbeitstemperatur übertrifft selten 120° C. Ausgenommen hiervon sind die von Mr. Perkins konstruirten Dampfmaschinen, bei denen 160° C. als Grenze der Temperaturhöhe oder eine Expansionskraft die mit 14 Atmosphären beginnt, mit grossem Erfolge adoptirt worden sind, wie aus einem sachverständigen Berichte von Sir Frederick Bramwell über diese Dampfmaschine hervorgeht. Zur Erreichung günstigerer primärer Bedingungen müssen wir unsere Aufmerksamkeit der kalorischen oder Gasmaschine zuwenden, bei der der Nutzeffekt, der von der Formel $\frac{T - T^1}{T}$ abhängt, bedeutend vermehrt werden könnte. Dieser Werth würde sein Maximum erreichen, wenn die absolute Anfangstemperatur T auf die der Verbrennung erhöht und T^1 auf die atmosphärische Temperatur reducirt werden könnte, und diesen Maximalgrenzen wird man in einer Gasmaschine, die durch eine verbrennbare Mischung von Luft und Kohlenwasserstoffen getrieben wird, viel näher kommen können, als in der Dampfmaschine.

Nehmen wir nun die Temperatur in einer Explosions-Gasmaschine auf 1500° C. an bei einem Drucke von 4 Atmosphären, so würde man nach dem zweiten Satze der mechanischen Wärmetheorie eine Temperatur von 600° C. erhalten, nachdem die Expansion auf atmosphärischen Druck reduzirt worden ist, und somit eine Arbeitstemperaturhöhe von $1500° - 600° = 900°$ und einen theoretischen Nutzeffekt von $\frac{900}{1500 + 274}$ = ungefähr $^1/_2$: ein überaus günstiges Resultat im Gegensatze zu dem bei einer guten Expansions- und Kondensations-Dampfmaschine erzielten, wobei die höchste Arbeitstemperatur $150 - 30 = 120°$ C. und der Nutzeffekt $\frac{120}{150 + 274} = {}^2/_7$ beträgt. Eine gute Expansions-Dampfmaschine vermag somit $^2/_7$ der Wärme, die dem Kessel mitgetheilt wird, als mechanische Arbeit auszugeben, worin die durch unvollkommene

Verbrennung verlorene sowie die in den Schornstein weggeführte Wärme nicht eingeschlossen ist. Addirt man hierzu die durch Reibung und Ausstrahlung in der Maschine verursachten Verluste, so ergiebt sich, dass selbst die bestkonstruirte Dampfmaschine von der in dem verbrauchten Brennmaterial enthaltenen Wärmemenge nicht mehr als den siebenten Theil als mechanische Arbeit wiedergiebt. Bei der Gasmaschine sind auch Abzüge von dem theoretischen Nutzeffekte zu machen in Folge des ziemlich bedeutenden Wärmeverlustes durch Absorption in den Arbeitscylinder, der durch künstliche Kühlungsmittel auf einem so niedrigen Temperaturgrade erhalten werden muss, dass das Schmieren ermöglicht ist; dieser mit dem Reibungsverluste kann auf nicht weniger als die Hälfte angesetzt werden und reduzirt den Faktor des Nutzeffektes der Maschine auf $^1/_4$.

Aus diesen Betrachtungen ergiebt sich, dass die Gas- oder kalorische Maschine die Bedingungen zur Erreichung des Maximal-Effekts auf's Günstigste in sich vereinigt; und man darf daher wohl annehmen, dass die Schwierigkeiten, die gegenwärtig noch der Einführung solcher Maschinen im grossen Massstabe entgegenstehen, allmählich überwunden werden. Ehe noch manches Jahr vergangen, werden wir in unseren Fabriken und auf unseren Schiffen Maschinen sehen, die nicht mehr als ein Pfund Kohle pro arbeitende Pferdekraft und Stunde verzehren, und bei denen der Gaserzeuger die Stelle des etwas complizirten und gefährlichen Dampfkessels einnimmt. Die Erfindung einer solchen Maschine neben der Dynamo-Maschine würde der Beginn einer neuen Aera materiellen Fortschritts bedeuten, der in seinen Folgen ganz gewiss ebenso bedeutend erscheinen dürfte, als der Fortschritt, den die Einführung der Dampfkraft im Anfange unseres Jahrhunderts bewirkt hat. Lassen Sie uns einmal den Einfluss näher in's Auge fassen, den die Einführung einer solchen

Maschine aller Wahrscheinlichkeit nach, auf die Handelsmarine, jenen höchst wichtigen Faktor für den Wohlstand dieses Landes ausüben würde.

Nach den mir von der Handelskammer freundlichst zugestellten Berichten und nach Lloyd's Verschiffungsregister mag der Gesammtwerth der Kauffahrteischiffe im Vereinigten Königreiche auf 126 Millionen Pfund Sterling geschätzt werden, wovon 90 Millionen für Dampfschiffe mit einem Nettogehalte von 3 003 988 Tonnen und 36 Millionen Pfund für Segelschiffe mit 3 688 008 Tonnen Gehalt zu berechnen sind. Die Sicherheit der enormen Anzahl Schiffe, denen wir ungefähr $^5/_7$ unserer sämmtlichen importirten und exportirten Waaren im Gesammtwerthe von jährlich circa 500 Millionen Pfund Sterling anvertrauen, sowie der dabei viel mehr noch in Betracht kommenden kostbaren Menschenleben ist natürlich ein Gegenstand von hervorragendster Bedeutung. Es sind dabei die verschiedensten Punkte zu berücksichtigen: zunächst die Konstruktion des Schiffes selbst und die Auswahl des zu verwendenden Baumaterials; sodann die Ausrüstung des Schiffes mit Maschinen, Pumpen, Segel- und Takelwerk, mit dem Compass, Sextanten und Sondirungsapparat, ferner die Anfertigung zuverlässiger Karten für die Orientirung des Schiffers sowie die Anlage von Zufluchtshäfen, Leuchtthürmen, Feuer- und Läutesignalen und Bojen für die Kanalschifffahrt. Allein trotz der vereinigten Anstrengungen der Wissenschaft, der unermüdlichen erfinderischen Thätigkeit sowie der praktischen Erfahrung — kurz, trotz aller Errungenschaften von Jahrhunderten — stossen wir auf die durch statistische Berichte festgestellte höchst unerfreuliche Thatsache, dass während des letzten Jahres nicht weniger als 1007 brittische Schiffe verloren gegangen sind, wovon mindestens zwei Drittel an unseren Küsten ihren Untergang gefunden haben, und die einen Gesammtwerth von beinahe 10 Millionen Pfund Sterling repräsentiren. Von diesen Schiffen waren 870 Segel- und 137 Dampfschiffe. Da in diesen Berichten im Ganzen von 19 325 Segel- und 5505 Dampfschiffen die Rede ist, so stellt sich das Sicherheitsverhältniss zu Gunsten des Dampfers auf 4,43 zu 3,46; da der Dampfer aber — für's ganze Jahr gerechnet — im Durchschnitt drei Reisen in derselben Zeit macht, in der das Segelschiff eine macht, so wird die relative Gefahr des Dampfers im Vergleich zu der des Segelschiffes pro Fahrt auf das Verhältniss von 13,29 zu 3,46 reducirt. Vom kaufmännischen Standpunkte aus betrachtet, wird dieser hohe Sicherheitsfaktor zu Gunsten der Dampfschifffahrt in grossem Masse durch den Werth des Dampfschiffes selbst wieder ausgeglichen, der sich zu dem des Segelschiffes pro Netto-Tonne der Tragfähigkeit im Verhältnisse von 3 : 1 stellt, und dadurch das Verhältniss zu Gunsten der Dampfschifffahrt auf 13,29 zu 10,38 reduzirt, oder in runden Zahlen ausgedrückt auf 4 : 3. Bei Beurtheilung dieses Resultates nach dem Massstabe der Assekuranzprämien ist die Verschiedenheit der Distanzen, die Beschaffenheit des Cargos, die Jahreszeit und die Reise je nach dem Bestimmungsorte in Betracht zu ziehen; wenn ich aber nach den mir von Schiffseigenthümern und von durchaus glaubwürdigen Assekuranten gemachten Mittheilungen urtheilen darf, so finde ich, dass die relative, für jede der beiden Schiffsklassen bezahlte Assekuranz einen Vortheil von 30 Prozent zu Gunsten der Dampfschifffahrt ergiebt, der mit den oben angeführten, statistischen Berichten entnommenen Daten sehr nahe übereinstimmt.

Wenn es sich darum handelt, inwiefern die soweit bereits bestätigten Vorzüge der Dampfschiffe noch ferner ausgebeutet werden könnten, so haben wir vor allen Dingen dem beim Bau derselben zu verwendenden Material unsere Aufmerksamkeit zuzuwenden. Ein neues Schiffbaumaterial hat die Admiralität im Jahre 1876 eingeführt durch die Konstruktion der beiden Dampfcorvetten „Iris" und „Mercury" aus weichem Stahl auf dem Schiffswerfte zu Pembroke. Die diesem Material eigenthümlichen Eigenschaften haben es dem Schiffbauer ermöglicht, den Rumpf des Schiffes 20 Prozent zu erleichtern und seine Tragfähigkeit in demselben Grade zu erhöhen. Es verbindet dasselbe mit einer Stärke, welche die des Eisens um 30 Prozent übertrifft, eine so ausserordentliche Zähigkeit, dass erfahrungsgemäss die Seite eines aus weichem Stahl fabrizirten Schiffes bei einem Zusammenstoss mehrere Fuss nachgab, resp. sich einbauchte, ohne Bruchstellen zu zeigen: eine Eigenschaft, welche die Gefahr auf See bedeutend verringert. Fügt man den durch die Anwendung dieses Materials errungenen noch die Vortheile hinzu, die durch die Einrichtung des doppelten Schiffbodens sowie durch die abschnittsweise Eintheilung des Schiffsraumes durch solide Wände erzielt werden, so ist es kaum denkbar, wie ein so konstruirtes Schiff durch Zusammenstossen mit einem anderen Schiffe oder durch Aufstossen auf einen unterseeischen Felsen zu Grunde gehen könnte. Der Zwischenraum zwischen den beiden Böden geht nicht verloren, da er einen passenden Behälter für Wasserballast bildet; jedoch sollten immer kräftige Pumpen für den Nothfall vorhanden sein.

Der untenfolgende statistische, mir von Lloyd's zugegangene Bericht über die Zahl und den Tonnengehalt der Schiffe, die am 30. Juni dieses Jahres im Vereinigten Königreiche im Bau begriffen, resp. deren Bau vorbereitet war, dürfte insofern interessant erscheinen, als er zeigt, dass hölzerne Schiffe immer mehr ausser Gebrauch kommen und dass selbst Eisen, sowohl was seine Verwendung für Dampfer als auch für Segelschiffe anbelangt, bereits begonnen hat, dem neuen Material, dem weichen Stahl, seinen Platz einzuräumen; zudem geht aus diesem Berichte auch hervor, dass bei Weitem die grössere Anzahl der in neuerer Zeit konstruirten Schiffe grosse

Dimensionen besitzen und durch Maschinenkraft getrieben werden:

	Weicher Stahl		Eisen		Holz		Totalsumme	
	Zahl der Schiffe	Bruttogewicht in Tonnen	Zahl der Schiffe	Bruttogewicht in Tonnen	Zahl der Schiffe	Bruttogewicht in Tonnen	Zahl der Schiffe	Bruttogewicht in Tonnen
Dampfer . . .	89	159 751	555	929 921	6	460	650	1 090 132
Segelschiffe .	11	16 800	70	120 259	49	4 635	130	141 694
	100	176 551	625	1 050 180	55	5 095	780	1 232 826

Wenn den oben behandelten, bereits gewonnenen Verbesserungen nun noch eine Maschine von vielleicht halb dem Gewichte der jetzigen Dampfmaschine mit den dazu gehörigen Dampfkesseln sich zugesellte, die mit nur halb dem Quantum des gegenwärtig konsumirten Brennmaterials arbeitete, so könnte das Gewicht der Ladung eines dann nicht mehr „atlantischer Dampfer“, sondern „atlantisches Propellorschiff“ zu benennenden Fahrzeuges noch um weitere 30 Prozent erhöht werden, und die überwiegenden Vortheile solcher Schiffe würden den Gebrauch von Seegelboten hauptsächlich auf den für die Wettfahrten in unseren und benachbarten Häfen beschränken.

Das vorzügliche Werk über „die brittische Marine“, das kürzlich von dem ersten Lord der Civilabtheilung der Admiralität, Sir Thomas Brassey veröffentlicht worden ist, beweist, dass das Marine-Departement dieses Landes den Werth aller solcher Verbesserungen, die Bezug auf die Sicherheit sowohl als auf die Kampftüchtigkeit Ihrer Majestäts Kriegsschiffe haben, in jeder Beziehung anerkennt; und die jüngsten Kriegserfahrungen unterstützen die Ansicht, dass, wenngleich grösste Geschwindigkeit und Lenkbarkeit gewiss von der höchsten Wichtigkeit sind, der Schutz durch Panzerplatten, die in der öffentlichen Gunst schon sehr zu sinken schienen, bei der wirklichen Kriegführung jedenfalls auch nicht zu verachten ist.

Die fortschrittlichen Bestrebungen, wie sie bei der Konstruktion der Schiffe wahrnehmbar geworden sind, machen sich auch im hydrographischen Departement in hohem Grade bemerkbar. Der Hydrograph, Capitän Sir Frederick Evans hat uns im vorigen Jahre in York über die in diesem Departement gemachten Fortschritte einen höchst interessanten Bericht erstattet, der sich hauptsächlich auf die Anfertigung von Seekarten bezieht, auf denen die verschiedenen Meerestiefen, die Richtung und Geschwindigkeit der Strömungen, sowie die Höhen der Flutanschwellungen an unseren Küsten verzeichnet sind; daneben enthält dieser Bericht aber auch werthvolle statistische Mittheilungen über die allgemeineren Fragen der physikalischen Beschaffenheit des Meeres, über die Temperatur desselben in verschiedenen Tiefen, über seine Pflanzen- und Thierwelt, sowie über Regenfälle und die Natur und Stärke der herrschenden Winde. An diesen hydrographischen Erforschungen hat das amerikanische Marine-Departement unter Leitung des Capitäns Maury und der beiden Agassiz, Vaters und Sohnes, einen bedeutenden Antheil genommen, während in unserem Lande die unermüdlichen Arbeiten des Dr. William B. Carpenter die höchste Anerkennung verdienen.

Unser Wissen über die Thätigkeit der Ebbe und Flut hat einen höchst wirksamen Antrieb erhalten durch die Erfindung eines selbstregistrirenden Wasserstandszeigers und Flutvorhersagers, welcher Gegenstand eines der Vorträge unserer diesjährigen Versammlung bilden wird, mit dem uns Sir William Thomson, der bei der Erfindung desselben hauptsächlich thätig gewesen, beehren wird, und worin er uns, wie ich annehmen zu dürfen hoffe, einige Auskunft geben wird über gewisse ausserordentliche Unregelmässigkeiten in den Flutverzeichnissen, die Sir John Coode in Portland vor einigen Jahren beobachtet hat und die anscheinend auf atmosphärische Einflüsse zurückzuführen sind.

Die Anwendung von Stahl und Eisen beim Schiffsbau machte den Gebrauch des Compasses für eine Zeit lang illusorisch, bis im Jahre 1839 Sir George Airy zeigte, wie die durch den Einfluss des Eisenmaterials des Schiffes herbeigeführten Abweichungen des Compasses mit Hülfe von Magneten und weichen Eisenstücken, die in der Nähe des Compasshäuschens anzubringen seien, vollständig ausgeglichen werden können; die Grösse der Nadeln in unseren gewöhnlichen Compässen machte jedoch eine solche Ausgleichung der quadrantischen Abweichungen praktisch unerreichbar. Im Jahre 1876 konstruirte darauf Sir William Thomson einen Compass mit bedeutend kleineren Nadeln als die bisher im Gebrauch gewesenen, wodurch die praktische Anwendung der Theorie Sir George Airy's vollständig ermöglicht wurde. Bei einem solchen Compass können Correktoren so angebracht werden, dass die Nadel nach allen Richtungen hin richtig zeigt, und diese Correktoren werden auf See von Zeit zu Zeit so placirt, dass jede Abweichung vermieden wird, die durch die in Folge der verschiedenen Schiffspositionen verursachten Veränderungen im Schiffs- oder Erdmagnetismus hervorgerufen wird. Dadurch, dass man der Compassrose grossen Spielraum für freie Oscillation gestattet, wird grosse Ruhe beim Rollen des Schiffes erzielt.

Sir William Thomson hat die Schifffahrt noch ferner durch die Erfindung zweier Sondirungsapparate bereichert, von denen der eine dazu bestimmt ist, grosse Tiefen in weniger als einem Viertel der früher dazu erforderlichen Zeit mit grosser Genauigkeit zu messen, während der andere Tiefen bis zu 130 Faden bestimmt, ohne dass das Schiff dadurch in seiner Fortbewegung aufgehalten werden müsste. Bei jedem dieser beiden Instrumente kommt Pianoforte-Stahldraht an Stelle der früher zu solchen Zwecken gebrauchten Hanf- oder Seidenschnüre in Anwendung; bei dem letztgenannten der beiden Apparate wird die Tiefe nicht etwa nach der Länge des über den Zählapparat und über das Bremsrad des Apparates abgelaufenen Drahtes bestimmt, sondern nach der Angabe eines einfachen Druckmessers, welcher aus einer an ihrem oberen Ende geschlossenen Glasröhre besteht, deren innere Fläche vorher mit chromsaurem Silber bekleidet ist, welches durch das Seewasser bis zu der Höhe, zu welcher dasselbe in die Röhre eindringt, entfärbt wird. Der Werth eines solchen Instrumentes für die Orientirung des Seefahrers bei den sogenannten „Sondirungen“ kann wohl kaum überschätzt werden; mit dem Sondirungsapparat und einer guten Seekarte wird er unter gewöhnlichen Verhältnissen nach drei oder vier in einer gegebenen Richtung und in gegebenen Entfernungen genommenen Sondirungen die Position seines Schiffes richtig bestimmen können und ist dadurch bei nebeligem Wetter von astronomischen Bestimmungen und von der Sichtbarkeit der Leuchtthürme oder der Küste unabhängig gemacht. Bei vernünftigem Gebrauch dieses Apparates könnten Unglücksfälle, wie ein solcher vor noch nicht 14 Tagen dem Postdampfer Mosel zugestossen ist, nicht vorkommen. Was den Werth des Tiefseeinstrumentes anbelangt, so kann ich aus eigener Erfahrung sprechen; bei einer Gelegenheit hat es die Mannschaft des Kabelschiffes „Faraday“ in den Stand gesetzt, das Ende eines bei einem heftigen Windstosse gerissenen atlantischen Kabels wieder aufzufinden, ohne jede andere Kenntniss des Ortes, als die einer einzigen Sondirung, die eine Tiefe von 950 Faden ergab. Um das Kabel wieder aufzufischen wurde eine Anzahl von Sondirungen in der vermuthlichen Nähe des gebrochenen Endes genommen, die 950 Fadenlinie wurde sodann auf einer Seekarte verfolgt und das Schiff schleppte daraufhin seinen Enterhaken zwei Meilen östlich von dieser Linie über den Meeresboden und hakte auch bald das Kabel ein 20 Meilen von dem Punkte entfernt, wohin die einfache Berechnung nach dem Logbuche das zerrissene Ende placirt hatte.

Ob es jemals ausführbar sein wird oder nicht, die Tiefen des Oceans ohne Sondirungsleine einfach mit Hülfe eines auf dem Unterschied der Massenanziehungen basirenden Instrumentes zu bestimmen, ist eine Frage der Zeit. Soweit sind die bei den Versuchen mit einem solchen Instrumente erlangten Resultate wenigstens ermuthigend, obgleich die Empfindlichkeit desselben es bis jetzt für den gewöhnlichen Gebrauch an Bord eines rollenden Schiffes noch nicht passend erscheinen lässt.

Die mir zu meiner heutigen Anrede an Sie erlaubte Zeit ist durchaus ungenügend, um den grossartigen Leistungen der Ingenieurwissenschaft der Gegenwart Gerechtigkeit widerfahren zu lassen, und ich muss mich daher auf ein Paar kurze Bemerkungen über einige wenige der bemerkenswertheren Unternehmungen beschränken.

Der bedeutende technische und commercielle Erfolg des Suezkanals hat M. de Lesseps angespornt ein ähnliches Werk von noch gigantischeren Formen zu unternehmen: nämlich den Isthmus von Panama durch einen schiffbaren Kanal von 40 Meilen Länge, 150 englischen Fuss oberer und 60 englischen Fuss Sohlenbreite auf das Niveau des Meeresspiegels von Meer zu Meer zu durchstechen. Der Kostenanschlag für dieses Werk beläuft sich auf 20 Millionen Pfund Sterling und da bereits mehr als diese Summe durch Subskription aufgebracht worden ist, so erscheint es kaum annehmbar, dass politische oder klimatische Schwierigkeiten M. de Lesseps an der baldigen Ausführung seines Projektes verhindern werden. Durch diesen Kanal würde die Reise nach China, Japan und den sämmtlichen Küsten des stillen Oceans um die Hälfte verkürzt werden und gleichzeitig der Schifffahrt und dem Fortschritte ein neuer Impuls gegeben werden, der wohl schwerlich zu überschätzen sein dürfte.

Hand in Hand mit diesem Riesenwerke beabsichtigt Capitän Eads, der erfolgreiche Verbesserer der Mississippischifffahrt seine Schiffseisenbahn zu erbauen, d. h. die grössten Schiffe, vollständig beladen und ausgerüstet, von Meer zu Meer auf einer kolossalen Eisenbahn über den Isthmus von Tehuantepec, über eine Strecke von 95 Meilen zu transportiren. Mr. Barnaby, der erste Konstrukteur der Marine und Mr. John Fowler haben ein günstiges Gutachten über dieses Projekt abgegeben, und es ist zu wünschen, dass der Kanal sowohl wie die Schiffseisenbahn zur Vollendung komme, da mit Bestimmtheit vorauszusetzen ist, dass der Verkehr vollständig genügen wird, um beide Unternehmungen rentirbar zu machen.

Ob es M. de Lesseps gelingen wird auch das dritte Projekt zur Ausführung zu bringen, womit sein Name auf so hervorragende Weise in Verbindung gebracht worden ist, nämlich die Unterwassersetzung der tunesisch - algerischen Chotts, wodurch der See Tritonis der Alten mit seinen grünbekleideten Ufern wieder in's Leben gerufen würde, ist eine Frage, deren Beantwortung lediglich von den Ergebnissen genauer Terrainaufnahmen abhängt; der wohlthätige Einfluss einer grossen Wasserfläche in der afrikanischen Wüste kann jedoch wohl kaum ein Gegenstand des Zweifels sein.

Nicht ohne ein gewisses Bedauern erwähne ich der Vollendung eines neuen Eddystone-Leuchtthurmes an Stelle jenes Chef-d'oeuvre der Ingenieurkunst, errichtet von John Smeaton vor mehr als hundert Jahren. Die Untauglichkeitserklärung dieses Bauwerkes war jedoch keineswegs die Folge eines Konstruktionsfehlers, sondern ist dadurch veranlasst worden, dass das Meer sich seinen Weg zu dem Felsen gebahnt hat, der dem Bau als Fundament dient. Der neue

Leuchtthurm wurde von dem Ingenieur des Trinity House, damals Mr., jetzt Sir James Douglass entworfen und in der unglaublich kurzen Zeit von weniger als zwei Jahren vollendet und verspricht ein würdiger Nachfolger seines berühmten Vorgängers zu werden. Während die Höhe des Smeaton'schen Leuchtthurmes 72 Fuss betrug, erhebt sich dieser 130 Fuss über dem höchsten Wasserstande, wodurch sein gewaltiges Licht einen bedeutend vergrösserten Wirkungsbereich erhält. Das ursprünglich von Sir William Thomson vor einigen Jahren vorgeschlagene System, ein Licht von dem anderen durch abwechselndes Aufleuchten und Abblenden unterscheidbar zu machen, haben die Elder Brethern in diesem sowie bei früheren Fällen in der von Dr. Hopkinson eingeführten modifizirten Form adoptirt, wobei dieses Prinzip auf drehbares Licht angewendet wird, um ein grösseres Lichtquantum während des Aufleuchtens zu erzielen.

Die geologischen Schwierigkeiten, die eine Zeit lang die Vollendung des St. Gotthard-Tunnels bedrohten, sind glücklich überwunden worden, und diese zweite und höchst wichtige unterirdische Bahn durch die Alpen verbindet nunmehr das italienische Eisenbahnnetz mit dem der Schweiz und Süddeutschlands, wodurch Genua zum Haupthafenplatz dieser Ländertheile erhoben wird.

Das Zustandekommen einer Verbindung des englischen Eisenbahnsystems mit dem französischen durch einen Tunnel unter dem englischen Kanal scheint augenblicklich mehr von militärischen und politischen, als von technischen und finanziellen Rücksichten abzuhängen. Das zufällige Vorhandensein einer für das Wasser undurchdringlichen Schicht grauer Kreide in einer passenden Tiefe unter der Kanalsohle verringert die dem Bau sich entgegenstellenden Schwierigkeiten ganz bedeutend und muss natürlich die dabei zur Sprache kommende finanzielle Frage ebenso verhältnissmässig beeinflussen. Der vor Kurzem gegen die Ausführung dieses Unternehmens erhobene Protest kann wohl kaum als eine Verurtheilung durch die öffentliche Meinung angesehen werden, sondern scheint vielmehr der Ausdruck des natürlichen Verlangens zu sein, zunächst das Resultat sorgfältiger Untersuchungen abzuwarten. Derartige Untersuchungen sind in der letzten Zeit von einer damit betrauten königlichen wissenschaftlichen Kommission gemacht worden und werden demnächst einem gemischten, vom Parlament zu erwählenden Comité zum weiteren Begutachten überwiesen werden, von dessen Bericht es dann abhängen wird, ob der angeborene kaufmännische Unternehmungsgeist in diesem Falle politischen und militärischen Rücksichten das Feld zu räumen hat. Ganz abgesehen aber davon, ob der Bau des Kanaltunnels zu Stande kommt oder nicht, so dürfte jedenfalls der Wunsch, den vor einigen Jahren von Mr. John Fowler vorgeschlagenen Plan ausgeführt zu sehen, nämlich England und Frankreich vermittelst einer Fähre, die im Stande wäre, ganze Eisenbahnzüge zu transportiren, zu verbinden, in dem immer mehr anwachsenden Verkehr zwischen diesem und den Ländern des Continents wohl seine vollständige Berechtigung finden.

Wie störend Unterbrechungen durch grosse Wasserflächen auf den öffentlichen Verkehr wirken, geht sehr klar hervor aus den Anstrengungen, die gemacht werden, um solchen Hemmnissen zu begegnen. Die Mündung der Severn sowohl wie die der Mersey werden unterminirt, um die Eisenbahnnetze auf beiden Seiten der Flüsse zu verbinden und die Frith of Forth soll von einer Brücke überspannt werden, die alles bis jetzt von einem Ingenieur Unternommene an Grossartigkeit übertreffen wird. Die Bahn dieser Brücke soll 150 Fuss über der Hochwassermarke sich erheben und ihre beiden Hauptspannweiten werden jede den dritten Theil einer englischen Meile messen. Die mit dem Bau dieses grossartigen Werkes betrauten Ingenieure Fowler und Baker, würden wohl kaum ihre Aufgabe vollenden können, wenn ihnen nicht Stahl als Baumaterial zu Gebote stände. Dabei braucht der hier zu verwendende Stahl nicht von der aussergewöhnlich weichen Beschaffenheit zu sein, wie der für den Schiffsbau besonders geeignete, der gegen Collision Stand halten soll; wo eine so ausserordentliche Zähigkeit nicht erforderlich ist, kann ein sehr homogener Stahl von mehr als der doppelten Spannungsfähigkeit des Eisens gewählt werden.

Die Widerstandsfähigkeit des Stahls ist bekanntermassen das Resultat einer Beimischung von einem Zehntel bis zwei Prozent Kohlenstoff zum Eisen und die Beschaffenheit einer derartigen Verbindung von Kohlenstoff und Eisen ist sowohl vom theoretischen als auch vom praktischen Gesichtspunkte aus betrachtet, ein Gegenstand von grossem Interesse. Weder eine chemische Verbindung, die ein bestimmtes Verhältniss der beiden Bestandtheile voraussetzt, noch die einfache Verschmelzung des einen in den anderen könnte einen so auffallenden Einfluss auf die Festigkeit und Härte des aus dieser Mischung hervorgegangenen Metalles ausüben. Eine von Mr. Abel vor Kurzem angestellte Untersuchung hat die Frage bedeutend aufgeklärt. Es scheint, dass eine bestimmte Kohlenstoff-Eisenverbindung gebildet wird, welche sich bei hohen Temperaturen im Eisen auflöst, bei allmählichem Abkühlen des Stahls jedoch wieder ausscheidet und nur in geringem Grade die physikalischen Eigenschaften des Metalles, als ein Ganzes betrachtet, beeinflusst. Bei plötzlichem Abkühlen bleibt für die Kohlenstoff-Eisenverbindung keine Zeit übrig, sich aus dem Eisen auszuscheiden und dadurch wird das Metall zugleich hart und brüchig. Allmähliches Abkühlen des Metalles unter gleichzeitiger Einwirkung grossen Druckes hat jedoch einen ähnlichen Effekt wie die plötzliche Abkühlung desselben: die Ausscheidung der Kohlenstoff-Verbindung aus dem Metall wird verhindert, jedoch mit dem Unterschiede, dass die Wirkung auf die ganze Masse eine mehr gleichförmige und daher auch eine gleichförmigere Beschaffenheit des so gewonnenen Metalls zu erwarten ist.

Die in einer früheren Jahresversammlung der British Association in Southampton von Schönbein der Welt angekündigte Entdeckung der Schiessbaumwolle gab Veranlassung zu vielen werthvollen Erforschungen über die Eigenschaften von Explosionsstoffen im Allgemeinen, an denen Mr. Abel einen Hauptantheil hat. Die von ihm in Gemeinschaft mit Capitain Noble angestellten, bis jetzt noch nicht veröffentlichten Versuche über die Explosionswirkung der Schiessbaumwolle und des Schiesspulvers, eingegrenzt in widerstandsfähigen Kammern, verdienen besondere Aufmerksamkeit. Sie zeigen, dass die chemische Metamorphose, welche die Schiessbaumwolle beim Explodiren unter Verhältnissen, wie sie bei ihrer praktischen Anwendung vorherrschend sind, erleidet, eine einfache und sehr gleichförmig wirkende ist, während die vor etwa 20 Jahren von Karolye verfolgte Untersuchungsmethode (ganz kleine Pulverladungen in Kugeln, die wiederum in einer grösseren, theilweise luftleeren Bombe eingeschlossen waren, explodiren zu lassen), eine komplizirte und der Veränderung unterworfene Zusammensetzung der erzeugten Gase ergab. Unter anderen, dabei beobachteten, interessanten Erscheinungen zeigte sich auch, dass in beiden Fällen mit der Dichtigkeit der Ladung das Quantum der erzeugten Kohlensäure zunimmt, während das des Kohlenoxyds sich vermindert. Das Explodiren von Schiessbaumwolle, ob nun in der Gestalt von Wolle oder lose gesponnenem Garn, oder in der zusammengehäuften comprimirten Form, wie sie Abel ersonnen hat, ergiebt praktisch dieselben Resultate, wenn unter Einwirkung von Druck gefeuert wird, d. h. unter starkem Verschluss, da in solchem Falle die völlige Entwickelung der explodirenden Kraft begünstigt wird; wird dagegen Schiessbaumwolle durch Perkussion gefeuert, so treten einige merkliche Verschiedenheiten in der durch die Metamorphose erzeugten Gasverbindung zu Tage. Was den durch die Explosionsprodukte ausgeübten Druck anbelangt, so beobachtete man einige interessante Erscheinungen, die der Untersuchung der Wirkung entzündeter Schiessbaumwolle ganz bedeutende Schwierigkeiten entgegenstellen. Während nämlich beim Explodiren von Schiesspulver keine auffallenden Unterschiede in dem durch kleine oder auch durch ganz bedeutend grössere Ladungen von derselben Dichtigkeit entwickelten Druck bemerklich sind, (d. h. wo die Ladungen im Verhältniss zu dem ganzen, ihnen zum Explodiren gebotenen Raum dasselbe Atomvolumen einnahmen), stellten sich bei der Schiessbaumwolle die Verhältnisse gerade umgekehrt. Bei gleicher Dichtigkeit der Ladungen wurde bei 100 Gramm Schiessbaumwolle ein Druck von ungefähr 20 Tonnen, bei 1500 Gramm ein Druck von 29 Tonnen auf den Quadratzoll (nach verschiedenen sehr übereinstimmenden Beobachtungen) gemessen, während eine Ladung von 2,5 Kilo einen Druck von ungefähr 45 Tonnen auf den Quadratzoll erzeugte, d. h. die Maximalwirkung, die mit einer Schiesspulverladung von der fünffachen Dichtigkeit erzielt worden ist.

Die aussergewöhnliche Heftigkeit, welche Schiessbaumwolle beim Explodiren äussert, macht den Vergleich derselben mit dem Schiesspulver beim Feuern im abgeschlossenen Raume ausserordentlich schwierig. Wie man auch die Ladung im Feuerungscylinder einrichten mochte, sobald dieselbe freien Zutritt zu dem in dem Cylinder mit eingeschlossenen Druckmesser hatte, zeigte dieser jedesmal bedeutend grössere Druckhöhen an, als wenn die plötzlich in Bewegung gesetzte Welle der Materie auf die eine oder andere Weise von direktem Einwirken auf den Messapparat verhindert worden war.

Der abnorme oder Wellendruck, der gleichzeitig mit der allgemeinen Spannung im Cylinder gemessen wurde, belief sich bei diesem Experimente auf 42,3 Tonnen, während für die allgemeine Spannung 20 Tonnen sich verzeichnet fanden, und bei einem anderen Experimente, wo ein Normaldruck von 29 Tonnen gemessen wurde, betrug der Wellendruck 44 Tonnen. Beim Bestimmen der Explodirungstemperatur ergab sich ungefähr die doppelte Temperaturhöhe für Schiessbaumwolle im Vergleich zu der des Schiesspulvers. Eine der bei dieser plötzlichen enormen Wärmeentwicklung beobachteten Wirkungen bestand darin, dass die inneren Flächen der stählernen Explodirungskammer mit einem Netzwerke von Rissen bedeckt waren und dass zuweilen kleine Theile der inneren Fläche wirklich losgebrochen waren. Das Explodirenlassen von Schiessbaumwollladungen bis zu 2,5 Kilo in vollständig abgeschlossenen Kammern, bei einer Druckentwicklung annähernd bis zu 50 Tonnen auf den Quadratzoll ist an und für sich eine ganz neue Errungenschaft auf dem Gebiete derartiger Untersuchungen.

Die Herren Noble und Abel verfolgen auch ihre Untersuchungen mit Schiesspulver noch weiter und sind gegenwärtig bemüht, festzustellen, welchen Einfluss Aenderungen in der Zusammensetzung der Pulverbestandtheile auf die chemische Metamorphose, resp. auf die Wirkungen des entzündeten Schiesspulvers auf die Geschosse ausübt, wobei sie vor allen Dingen auch die Ursache der mehr oder minder durch die explodirende Ladung auf die innere Fläche der Geschütze ausgeübten zerstörenden Wirkung zu erforschen suchen, eine Wirkung, die trotz aller Versuche die Zusammensetzung der Ladung so anzuordnen, dass das Innere der Geschütze möglichst unbeschädigt bleibt, bereits so bedenklich geworden ist, dass bei den für unsere schweren Geschütze jetzt angewendeten enormen Ladungen die durch einen einzigen scharfen Schuss auf die Bohrfläche ausgeübte angreifende Wirkung schon deutlich zu sehen ist. Da man fast mit Bestimmtheit annehmen zu müssen glaubte, dass die zerstörende Wirkung des Pulvers auf die Bohrfläche bei den entwickelten hohen Temperaturen zum Theil der Wirkung seines Bestandtheiles: Schwefel zuzuschreiben sei, so stellten Noble und Abel vergleichende Experimente an mit Pulver von der gewöhnlichen Zusammensetzung und anderen Pulversorten, wobei das Quantum der Schwefeltheile im Verhältniss zu den anderen bedeutend verringert war und bestimmten genau die Grösse der angreifenden Wirkung der unter hohem Druck der Explodirungskammer entströmenden Gasprodukte. Bei kleinen Ladungen stellte sich heraus, dass ein gewisses schwefelfreies Pulver sehr geringe zerstörende Wirkung im Vergleich zum gewöhnlichen Kanonenpulver ausübte, ein anderes Pulver dagegen, welches das Maximalquantum der bei solchen Versuchen bis jetzt angewendeten Schwefelmenge (15 Prozent) enthielt, zeigte unter diesen Verhältnissen dieselbe Wirkung, und wirkte ganz entschieden weniger zerstörend als das schwefelfreie Pulver, wenn grössere Ladungen in Anwendung kamen. Es ist zu erwarten, dass durch die Fortsetzung dieser Untersuchungen nicht nur unser Wissen über die Wirkung entzündeten Schiesspulvers in Geschützröhren auch in anderen wichtigen Punkten bereichert wird, sondern dass auch demnächst entscheidende Verbesserungen in der Fabrikation des für das sehr schwere Geschütz der Gegenwart gebräuchlichen Pulvers daraus erwachsen werden. Professor Carl Himly aus Kiel, der sich mit Untersuchungen ähnlicher Natur beschäftigt, hat vor Kurzem ein Pulver vorgeschlagen, bei welchem Kohlenwasserstoffe, die aus einer Lösung in Naphtha entnommen werden, an die Stelle der beiden Bestandtheile: Kohle und Schwefel des gewöhnlichen Pulvers treten; dieses Pulver hat neben anderen die Eigenthümlichkeit, dass es dem Einfluss des Wassers vollständig widersteht, so dass die alte Warnung: „Haltet euer Pulver trocken“ demnächst wohl überflüssig werden dürfte.

Die ausserordentliche Verschiedenheit in der Beschaffenheit solcher Materien, die als explodirend wirkende zu bezeichnen sind, vor und nach ihrer Entzündung, führt uns zur Betrachtung über den zusammengesetzten Zustand der Materien unter anderen Verhältnissen. Schon im Jahre 1776 beobachtete Alexander Volta, dass das Volumen von Glas unter dem Einfluss der elektrischen Ladung verändert wurde durch das, was er elektrischen Druck nannte. Dr. Kerr, Govi und Andere stellten ähnliche Versuche an, die gegenwärtig hauptsächlich von Dr. Georg Quincke in Heidelberg weiter verfolgt werden, welcher gefunden hat, dass die Temperatur sowohl als die chemische Beschaffenheit des zu untersuchenden Isolators einen entschiedenen Einfluss auf die Grösse und Art der durch Elektrisiren hervorgebrachten Veränderung im Volumen desselben ausübt, dass diese Veränderung des Volumens unter gewissen Umständen im Augenblicke vor sich geht, wie beim Flintglas und in anderen Fällen langsam, wie beim Kronglas, und dass ferner durch die elektrische Ladung die Elasticität beider verringert wird, während dieselbe beim Glimmer und bei der Guttapercha zunimmt.

Noch grössere Fortschritte macht man in unserer Zeit, insofern es sich um eine klarere Erfassung der Beschaffenheit der Materie handelt, deren einzelnen Molekülen mehr Zwischenraum gestattet ist, um dem Einflusse der auf sie einwirkenden Kräfte individuell besser folgen zu können. Bei der Entladung von Elektricität von hoher Spannung durch Röhren mit sehr verdünnter Luft (sogenannte Geissler'sche Röhren) werden Entladungserscheinungen hervorgerufen, die höchst auffallend sind und gleichzeitig viel Stoff zum Nachdenken bieten. Die Sprengel'sche Luftpumpe gab das Mittel an die Hand, die Luftentleerung bis auf einen Grad zu treiben, den man sich vorher kaum vorstellen konnte. Mit jedem Grade der Entleerung offenbarte die verringerte Zahl von Molekülen neue Eigenschaften, wenn durch elektrische Entladung und magnetische Kraft auf dieselben eingewirkt wurde. Das Radiometer von Crookes hat diesen Untersuchungen eine neue Richtung gegeben, die gegenwärtig die Aufmerksamkeit der ersten Physiker aller Länder in Anspruch nimmt.

Zur Erzeugung einer elektrischen Entladung in luftleeren Röhren bediente man sich gewöhnlich des Ruhmkorff'schen Apparates, bis es Mr. Gassiot zuerst gelang, dieselben Erscheinungen mit Hülfe einer galvanischen Batterie von 3000 Leclanché-Elementen hervorzurufen. Dr. de la Rue, im Vereine mit seinem Freunde Dr. Hugo Müller hat seine Vorarbeiter weit hinter sich zurückgelassen in der Zusammensetzung von Batterien von hoher Spannung. Bei seinem Vortrag „Ueber die elektrischen Entladungserscheinungen", den er im Januar 1881 vor der Royal Institution gehalten hat, bediente er sich einer von ihm selbst erfundenen, aus 14 400 Elementen (14 832 Volt) bestehenden Batterie, die einen Strom von 0,054 Ampère ergab und eine Entladung zwischen den 0,71 Zoll von einander entfernten Polen erzeugte. Während des vergangenen Jahres hat er die Zahl der Elemente auf 15 000 (15 450 Volt) erhöht und dadurch den Strom auf 0,4 Ampère, d. h. auf das Achtfache des durch die in der Royal Institution benutzten Batterie erzeugten Stromes.

Mit dem ihm zu Gebote stehenden enormen Spannungsvermögen und Strome von vollständig gleichmässiger Stärke war Mr. de la Rue in den Stand gesetzt, manche interessante Daten zur Elektricitätslehre beizusteuern. Er hat unter Anderem gezeigt, dass die wundervollen Erscheinungen der geschichteten Entladung in luftleeren Röhren weiter nichts sind, als die des elektrischen Bogens bei gewöhnlichem Atmosphären-Drucke in modifizirtem und vergrössertem Massstabe.

Photographische Aufnahmen gaben bei diesen Experimenten den Vorgang der Entladung mit einer Genauigkeit wieder, die auf andere Weise beim Vergleiche dieser Phänomene unerreichbar ist. Dr. de la Rue wies ferner nach, dass zwischen zwei Polen, vorausgesetzt, dass die Isolation der Batterie ausreichend ist, die Länge des Funkens sich verhält, wie das Quadrat der Anzahl der verwendeten Elemente. Seine Experimente haben ferner bewiesen, dass unter jedem beliebigen Druck die Entladung in Gase sich nicht als ein Strom im gewöhnlichen Sinne des Worts, sondern als eine diskontinuirliche Entladung gestaltet. Selbst bei einer anscheinend vollkommen gleichmässigen Entladung, wenn die Schichten, die man von einem sehr schnell rotirenden Spiegel reflektiren lässt, als unbeweglich erscheinen, ist die Entladung eine pulsirende, wie Dr. de la Rue gezeigt hat; nur muss natürlich die Schnelligkeit des Pulsirens eine sehr grosse sein.

Bei Gelegenheit seines Vortrages vor der Royal Institution ahmte er in einer sehr grossen luftleeren Röhre das Nordlicht nach, und ist durch seine Experimente zu dem höchst interessanten Schluss gekommen, dass die brillantesten Nordlichterscheinungen in eine Höhe von 37 bis 38 Meilen und nicht in die früher übertriebener Weise angenommene Höhe von 281 Meilen versetzt werden müssen.

Der Präsident der Royal Society hat seit Jahren die elektrischen Entladungserscheinungen zum Gegenstande seines besonderen Studiums gemacht und bedient sich bei seinen wichtigen Experimenten einer besonderen Elektricitätsquelle. In einem an mich gerichteten Schreiben beschreibt Dr. Spottiswoode die Natur seiner Untersuchungen viel klarer, als ich es zu thun vermöchte. Er schreibt: „Ich bin schon lange der Ansicht gewesen, dass die Ungleichförmigkeit, wie sie sich bei elektrischen Entladungen durch verdünnte Gase offenbart, ein wesentliches Element jeder discontinuirlichen Entladung bilden müsse, und dass die Phänomene der Schichtung als vergrösserte Darstellungen solcher Erscheinungen zu betrachten seien, die, wenngleich unter gewöhnlichen Verhältnissen für das Auge unsichtbar, darum doch stets vorhanden sind. Der Wunsch der Frage näher auf den Grund zu kommen, veranlasste Moulton und mich genauere Untersuchungen anzustellen. Die dabei hauptsächlich angewendete Methode bestand darin, eine Unterbrechung eigenthümlicher Art in den Stromkreis einzuführen, wodurch eine leuchtende Entladung für die Annäherung eines Leiters ausserhalb der Röhre empfindlich gemacht wurde. Durch Anwendung dieser Methode vermochten wir neben verschiedenen anderen Phänomenen auch das der Schichtung künstlich hervorzubringen. Wir gelangten auf diese Weise zu einer Reihe von Schlussfolgerungen über den Vorgang der Entladung, von denen ich nur die folgenden hervorheben möchte:

1. Dass eine Schichte mit dem zugehörigen dunkeln Raume physikalisch die Einheit der geschichteten Entladung ausmacht; dass eine geschichtete Säule ein durch einen Schritt für Schritt Prozess gebildetes Aggregat solcher Einheiten ist, sowie dass das negative Glühlicht weiter nichts als eine lokalisirte, durch örtliche Einflüsse modifizirte Schichte repräsentirt.

2. Dass der Ursprung einer leuchtenden Säule an ihrem negativen Ende zu suchen ist; dass das Leuchten ein Ausdruck des Verlangens nach negativer Elektricität ist, und dass die dunkelen Zwischenräume diejenigen Stellen sind, wo der negative Pol, gleichviel ob metallisch oder gasförmig, Kraft genug auszuüben vermag, diesem Verlangen entgegenzuwirken.

3. Dass die positive oder negative Elektricität mehr Zeit zum Passiren einer Röhre als zum Durchlaufen eines Drahtes von gleicher Länge gebraucht, dagegen weniger Zeit als die Crooke'schen Molekularströme zum Passiren von Röh-

ren beanspruchen. Ausserdem, dass besonders bei hohen Verdünnungen, die Entladung des negativen Poles einen zeitlichen Verlauf zeigt, welchem man am positiven Pole nicht begegnet.

4. Dass der Glanz des Lichtes bei so geringer Wärmeerzeugung wahrscheinlich zum Theil der kurzen Zeitdauer der Entladung zuzuschreiben ist, sowie dass bei einer so ausserordentlich schnellen Thätigkeit, wie die der individuellen Entladungen die Beweglichkeit des Mediums als nicht vorhanden betrachtet werden kann, und dass für so unendlich geringe Zeitperioden Gas selbst so unbiegsam und spröde erscheint als Glas.

5. Dass Schichtungen nicht bloss den Ort andeuten, wo elektrische in leuchtende Energie umgesetzt wird, sondern wirkliche Zusammenhäufungen der Materie sind.

Diese letztere Schlussfolgerung basirt hauptsächlich auf den mit einer Induktionsrolle gemachten Experimenten, die auf eine neue Art erregt wurde, nämlich direkt durch eine Wechselstrommaschine ohne Einschaltung eines Commutators oder Condensators. Diese Erregungsweise verspricht von grosser Bedeutung zu werden für spektroskopische Arbeit sowohl als für die Erforschung der Entladung im magnetischen Felde, und zwar theilweise auf Grund der Vereinfachung, die sie gestattet in der Construktion der Induktionsrollen, hauptsächlich aber wegen der grossen Kraftvermehrung, die sie in sekundären Strömen hervorruft.“

Diese Untersuchungen gewinnen noch an Bedeutung, wenn wir sie vom Standpunkt der Sonnen- oder ich möchte fast sagen der Sternenphysik aus betrachten, da die Beweisgründe zu Gunsten der Annahme immer mehr anwachsen, dass die Zwischenräume zwischen den Sternen nicht leer, sondern ausgefüllt sind mit sehr verdünnter Materie etwa von der Beschaffenheit, wie wir sie in unseren Vacuumröhren wiederfinden.

Ebensowenig darf noch länger behauptet werden, dass die die Sternenzwischenräume ausfüllende Materie sich unseren chemischen und physikalischen Untersuchungen entzieht. Das Spektroskop hat bereits viel Licht auf die chemische Zusammensetzung und physikalische Beschaffenheit der Sonne, der Sterne, der Kometen und selbst der weit entfernten Nebelflecke geworfen, von welch' letzteren unter der geschickten Handhabung Dr. Huggins' und Dr. Draper's aus New-York spektroskopische Photographien genommen worden sind. Ausgerüstet mit einem sehr vervollkommneten Apparat hat der physikalische Astronom seine Kenntnisse auf diesem Gebiete während der kurzen Zeit der letzten Sonnenfinsternisse bedeutend bereichert, von denen bekanntlich die erste 1879 in Amerika sichtbar war, und die andere im verflossenen Mai von Lockyer, Schuster und anderen bedeutenden Astronomen des Continents in Aegypten beobachtet worden ist. Das Resultat dieser letzten Sonnenfinsterniss-Expedition lässt sich im Folgenden zusammenfassen:

„Verschiedene Temperaturschichten sind in der Sonnenatmosphäre entdeckt worden; die chemische Beschaffenheit der Corona kann jetzt erklärt werden und leuchtet offenbar durch ihr eigenes Licht. Der Verdacht in Bezug auf die Existenz einer Mondesatmosphäre hat wieder Nahrung gewonnen und die Lage einer wichtigen Linie ist entdeckt worden. Kohlenwasserstoffe sind in der Nähe der Sonne nicht vorhanden, mögen aber wohl in dem Zwischenraume zwischen Sonne und Erde vorzufinden sein.“

Für mich persönlich sind die berichteten Resultate von ganz besonderem Interesse, da ich im verflossenen März mit einer Theorie vor die Royal Society zu treten wagte, die auf die Erhaltung der Sonnenenergie Bezug hatte und auf folgenden drei Thesen basirte:

1. dass Wasserdampf und Kohlenstoffverbindungen in den Zwischenräumen der Sterne und Planeten vorhanden sind;

2. dass diese gasförmigen Verbindungen im Zustande ausserordentlicher Verdünnung durch die strahlende Sonnenenergie dissociirt werden können;

3. dass die Wirkung der Rotation der Sonne darin besteht, die aufgelösten Dämpfe auf den Polaroberflächen einzusaugen und nach der Verbrennung in der Richtung nach dem Aequator zu wieder auszuwerfen.

Es gereicht mir daher zur ganz besonderen Genugthuung, dass die hier berichteten Beobachtungsresultate meiner Behauptung nicht unbedeutenden Halt gewähren. Die leuchtenden äquatorialen Hervorragungen der Sonne, wie sie durch die amerikanischen Beobachtungen auf so auffallende Weise offenbart worden sind (die mir zur Zeit, als ich meinen Vortrag verfasste, noch unbekannt waren), waren in Aegypten nicht vorhanden; die nach dem Aequator zu ausfliessenden Ströme konnten nur durch Reflection des Sonnenlichtes oder durch elektrische Entladungen sichtbar gemacht werden, wenn dieselben sich mit Staub vermischten, der durch aussergewöhnliche Sonnenstörungen verursacht worden war. Die gelegentliche Erscheinung solcher leuchtenden Ausstrahlungen würden nur dazu dienen, die von einigen aufgestellte Hypothese zu widerlegen, dass dieselben aus abgesondertem Planetenstoff bestehen, da in dem Falle die Erscheinungen dauernde sein müssten. Professor Langley aus Pittsburg hat mit Hülfe seines Bolometers nachgewiesen, dass die actinischen Sonnenstrahlen hauptsächlich in der Sonnen- und nicht in der Erdatmosphäre absorbirt werden; und Capitain Abney hat durch seine neue photometrische Methode festgestellt, dass die Kohlenwasserstoffen zuzuschreibende Absorption irgendwo zwischen der Sonnen- und Erdatmosphäre stattfindet. Um dieses interessante Resultat noch weiter zu verfolgen und mit der Absicht, das Quantum der atmosphärischen Luft der Erde zwischen seinem Apparat und der Sonne möglichst zu verringern, hat er denselben vor Kurzem auf dem Gipfel des Riffel's aufgestellt und beabsichtigt vor der Sektion A einen Vortrag über diesen Gegenstand zu halten. Sollten die Zwischenräume zwischen den Sternen wirklich mit Materien, wie Kohlenwasserstoff und Wasserdampf ausgefüllt sein, so würden diese die materielle Verbindung herstellen zwischen der Sonne und ihren Planeten, sowie zwischen den unzähligen Sonnensystemen, aus denen das Weltall zusammengesetzt ist. Tritt dazu ferner noch die Wirkung chemischer Aktion und Reaktion, so dürfte man mit der Zeit wohl im Stande sein, gewisse Eigenschaften thermaler Abhängigkeit und Unterhaltung festzustellen, in denen wir vielleicht Prinzipien von höchster Vollkommenheit wiedererkennen würden, die auch auf die verhältnissmässig geringen Bedürfnisse im menschlichen Leben anwendbar sind.

Wir finden daher, dass in der grossen Werkstatt der Natur bestimmte Grenzlinien zwischen den erhabendsten Ideen und den allergewöhnlichsten Funktionen nicht zu ziehen sind, und dass alles menschliche Wissen nur zu dem einen grossen Resultate hinleiten muss, zur würdigen Erkenntniss des Schöpfers in seinen Werken. Wir aber, die Mitglieder der British Association und Mitarbeiter auf jedem Gebiete der Wissenschaft, wollen einander anfeuern mit den Worten des amerikanischen Barden, der so kürzlich von uns geschieden ist: —

Let uns then be up and doing,
With a heart for any fate;
Still achieving, still pursuing,
Learn to labour and to wait.

Anrede an die Society of Arts

in der

Eröffnungsversammlung der 129. Session

am 15. November 1882

bei Uebernahme des Vorsitzes im Vorstande.

Ueber die elektrische Beleuchtung.

Nachdem mir die Ehre zu Theil geworden, als Vorsitzender des Vorstandes der Society of Arts für das kommende Jahr erwählt worden zu sein, ist es meine Pflicht, die neue Session mit einigen einleitenden Bemerkungen zu eröffnen.

Es ist erst wenige Monate her, dass es mir als Präsident der British Association zufiel, die Eröffnungsrede in Southampton zu halten, und man mag daher wohl annehmen, dass mein Vorrath an Gedanken und Beobachtungen, soweit es sich um den wissenschaftlichen Fortschritt der Gegenwart handelt, sowohl was abstrakte als auch was angewandte Wissenschaft anbelangt, damals erschöpft worden ist, dass ich in der That heute vor Sie hintrete, um einen volksthümlichen Ausdruck zu gebrauchen, nahezu ausgesaugt. Und dennoch — so gross ist der Bereich der modernen Wissenschaft und Industrie, dass ich trotz der ausserordentlich günstigen Gelegenheit, wie sie mir in Southampton geboten, doch nur verhältnissmässig wenigen Errungenschaften des modernen Fortschritts und selbst diesen nur ungenügend Gerechtigkeit konnte widerfahren lassen, während ich bei der Behandlung anderer, bei denen ich gerne länger verweilt haben würde, wenn die Zeit es gestattet hätte, mich so kurz als möglich zu fassen hatte, resp. von ihrer Erwähnung ganz absehen musste.

Die British Association unterscheidet sich von der Society of Arts im Wesentlichen dadurch, dass die erstere nur einen jährlichen Ueberblick über den Fortschritt der Wissenschaft gewinnen kann und mit den speciellen Untersuchungen einzelne Personen oder Comité's betrauen muss, um darüber vor den verschiedenen Abtheilungen in späteren Versammlungen zu berichten, während die Society of Arts mit ihren 3450 permanenten Mitgliedern, ihren 95 associirten Gesellschaften, die sich nach allen Richtungen hin über das Land erstrecken, mit dem ihr stets zur Verfügung stehenden Versammlungs-Lokal und ihrem wohlgeleiteten Journal, bei ihren fast täglichen Versammlungen und Vorträgen, die sechs Monate im Jahre andauern, ausnahmsweise günstig dazu angelegt ist, um Fragen des industriellen Fortschritts von ihrem Entstehen bis zu ihrer praktischen Verwerthung zu verfolgen.

Blicken wir zurück auf die Geschichte des 128jährigen Bestehens der Gesellschaft, so finden wir, dass der Society of Arts der Ruhm gebührt, zuerst Wissenschaft mit den industriellen Künsten in Verbindung gebracht zu haben; die Society of Arts war es unter ihrem erlauchten Präsidenten, dem verstorbenen Prinz-Gemahl, welche die erste Universal-Ausstellung vorgeschlagen und im Jahre 1851 auch erfolgreich zur Ausführung gebracht hat, und derselben Gesellschaft, unterstützt bei allen wichtigen Gelegenheiten durch ihren gegenwärtigen Präsidenten, den Prinzen of Wales, ist die Einführung so vieler wichtigen Veränderungen in unseren Erziehungs- und industriellen Anstalten znzuschreiben, die zu zahlreich sind, um hier einzeln aufgeführt zu werden.

Unter den praktischen Fragen, die augenblicklich die Aufmerksamkeit des Publikums hauptsächlich in Anspruch nehmen, sind die der elektrischen Beleuchtung und Kraftübertragung hervorzuheben, die vereint seit einer langen Reihe von Jahren für meine Brüder und mich ein Gegenstand besonderen Studiums gewesen sind, und man ist in Folge dessen wohl zu der Annahme berechtigt, dass ich mich heute eine Weile damit beschäftigen werde, um so mehr, als mir in Southampton der Kürze der Zeit wegen nur gestattet war, einige wenige rein wissenschaftliche Punkte zu berühren, die mit diesem wichtigen Gegenstande in Verbindung stehen.

Es ist wohl kaum nöthig, Ihnen in's Gedächtniss zurückzurufen, dass elektrisches Licht vom Standpunkte des physikalischen Experiments uns schon seit dem Anfang unseres Jahrhunderts bekannt gewesen ist, und dass viele Versuche von Zeit zu Zeit gemacht worden sind, seine praktische Verwerthung zu ermöglichen. Dieser standen zwei Haupthindernisse im Wege: einmal die grosse Kostspieligkeit der Erzeugung eines elektrischen Stromes, so lange nur chemische Mittel zu diesem Zwecke zur Verfügung standen, dann aber auch die mechanische Schwierigkeit, eine elektrische Lampe zu konstruiren, die im Stande war, gleichförmige und andauernde Effekte hervorzubringen.

Die Dynamo-Maschine, die uns in den Stand setzt, auf eine reinliche und einfache Weise mechanische in elektrische Energie umzusetzen, hat uns über die erste Schwierigkeit vollständig hinweggeholfen, indem eine richtig entworfene und wohl konstruirte Maschine dieser Art mehr als 90 Prozent der ihr mitgetheilten mechanischen Kraft in Elektricität verwandelt, wovon wiederum 90 Prozent in mässiger Entfernung in mechanische Kraft umgesetzt werden können. Der Kraftverlust, abgesehen von rein mechanischen Verlusten, überschreitet daher nicht 20 Prozent und wird durch Verbesserungen in der Konstruktion der Maschine zu einem gewissen Grade jedenfalls auch noch weiter reduzirt werden können; wir ersehen daher aus diesen Resultaten, dass nach der Richtung hin wohl kaum bedeutende Fortschritte zu erwarten sein dürften. Die Dynamo-Maschine hat der Dampf- und anderen Kraft-Transmissions-Maschinen gegenüber den grossen Vortheil der Einfachheit; sie besitzt nur einen arbeitenden Theil, nämlich eine in zwei

Lagern rotirende Welle, welche mit einer oder mehreren Drahtwindungen versehen ist und die vollständige Erhaltung des Gleichgewichts ermöglicht. Der Reibungswiderstand wird somit auf ein absolutes Minimum reduzirt, und Verluste durch Kondensation oder schlecht eingepasste Kolben, Lederbüchsen oder Ventile, sowie für die durch oscillirende Gewichte hervorgerufene stossende Bewegung sind dabei nicht in Abrechnung zu bringen. Die Materialien, woraus die Maschine zusammengesetzt ist: weiches Eisen und Kupferdraht, sind einer Verschlechterung oder Veränderung durch beständiges Arbeiten nicht unterworfen und der Werthverlust ist daher ebenfalls als ein Minimum anzusehen, es sei denn, dass Ströme von ausnahmsweise hohem Spannungsvermögen zur Anwendung kommen, die den Kupferdraht brüchig zu machen scheinen.

Die wesentlichsten Punkte, die bei der Konstruktion einer Dynamo-Maschine in Betracht kommen, bestehen darin, einmal Induktionsströme im Eisen zu verhüten, sowie den Draht so zu winden, dass die ganze Drahtrolle eine möglichst grosse Strommenge zum Fortleiten erzeugt. Diese Grundsätze, die durch die Resultate der Erforschungen verhältnissmässig nur weniger Arbeiter auf dem Gebiete der angewandten Wissenschaft feste Norm angenommen haben, können in fast unzählig verschiedenen Konstruktionsformen wiedergegeben werden, von denen eine jede gewisse berechtigte oder unberechtigte Vorzüge mit Bezug auf die Leichtigkeit oder Billigkeit der Produktion für sich beansprucht.

Viele Jahre lang, nachdem die bei der Konstruktion von Dynamo-Maschinen in Betracht kommenden Prinzipien schon längst bekannt geworden, zeigte das Publikum nur wenig Interesse zu Gunsten dieser Kraftübertragungsmaschinen und nur wenige Konstruktionsformen boten sich für den allgemeinen Gebrauch dar. Die wesentlichsten Erscheinungen, die bei Dynamo-Maschinen vorkommen: der Siemens'sche Anker (1856), der Pacinotti'sche Ring (1861) und das Selbsterregungsprinzip (1867) waren von ihren Erfindern nur des rein wissenschaftlichen Interesses wegen veröffentlicht und nicht patentirt worden, was die entgegengesetzte Wirkung zur Folge hatte, die zu erwarten war, indem es die Einführung dieser elektrischen Maschine in die Praxis verzögerte, da weder Einzelne noch Compagnien sich genügenden commerciellen Vortheil von der Einführuug der Maschine versprachen, um die bedeutenden Unkosten zu übernehmen, die nothwendig daraus erwachsen, einem ersten Entwurfe praktische Form zu verleihen. Grosses Verdienst hat M. Gramme sich dadurch erworben, dass er die Initiative in der Einführung der Dynamo-Maschinen, welche die oben genannten Prinzipien in sich verkörpern, ergriffen hat; als ich jedoch vor fünf Jahren für den dynamo-elektrischen Strom eine grosse praktische Zukunft vorauszusagen wagte als ein Mittel Kraft auf Entfernungen zu übertragen, wurde diese Ansicht immer noch mehr oder weniger als Hirngespinnst betrachtet. Einige in's Auge fallende Beweise, was auf praktischem Wege durch den dynamo-elektrischen Strom bewirkt werden könne, wie z. B. die Beleuchtung des Place de l'Opéra in Paris sowie die gelegentliche Zurschaustellung kraftvoller Bogenlichte und deren Adoptirung für militärische und Leuchtthurmzwecke, sowie vor Allem das allmähliche Zustandekommen des so lange ersehnten Glühlichtes im luftleeren Raume veranlasste eine einigermassen unerwartete Umkehrung der öffentlichen Meinung, und man wird sich gewiss noch des plötzlichen Allarmes an der Börse im Jahre 1878 erinnern, der den Fall der Gasaktien zur Folge hatte, als zuerst die Möglichkeit der Vertheilung des elektrischen Lichts mit Hülfe des glühenden Drahtes, allerdings etwas verfrüht, durch das atlantische Kabel angekündigt wurde.

Von da ab hat die elektrische Beleuchtung mehr und mehr die öffentliche Aufmerksamkeit auf sich gezogen, bis die brillanten Lichteffekte auf der pariser Ausstellung und im Krystallpalaste im vorigen Jahre das öffentliche Interesse in ganz ungewöhnlichem Grade erregt haben. Neue Compagnien mit dem Zwecke der Einführung der elektrischen Beleuchtung und Kraft wurden fast täglich angekündigt, von denen Ansprüche an die Aufmerksamkeit des Publikums gemacht wurden als vortheilhafte Kapitalanlagestätten, welche in einigen Fällen nur auf ganz geringen Modifikationen der wohlbekannten Formen der Dynamo-Maschinen, der Bogen-Regulatoren oder der Glühkohlen-Lichte basirt waren, deren Verdienste mehr auf Vermuthungen als auf irgend welchen wissenschaftlichen oder praktischen Beweisen begründet waren. Diesen Einrichtungen wurden so überwiegende Vortheile zugeschrieben, dass man annahm, Gas- und andere Beleuchtungsmittel würden bald nur mehr geschichtlich bekannt sein, und hierher datiren sich die vielen Spekulationen. Man sollte doch nicht vergessen, dass jeder grosse technische Fortschritt nothwendig das Werk der Zeit und sehr ernstlicher Arbeit ist, und dass selbst dann, wenn der praktischen Verwendbarkeit nichts mehr im Wege steht, man gewöhnlich finden wird, dass ein derartiger Fortschritt, weit entfernt bestehende Industrien zu beschädigen, vielmehr neue in's Leben ruft, um vorher ungekannten Bedürfnissen gerecht zu werden, wodurch der Schatz unserer Zufluchtsquellen neuen Zufluss erhält. Es ist daher ganz vernunftgemäss zu dem Schluss zu kommen, dass, Hand in Hand mit der Einführung des neuen Beleuchtungsmittels, die Gasbeleuchtung sich immer mehr verbessern und der Gasbedarf immer mehr vergrössert werden wird, wenn auch die Vorzüge des elektrischen Lichtes für viele praktische Zwecke, wie z B. zur Beleuchtung von öffentlichen Hallen und Magazinen, zum Beleuchten unserer Gesellschaftsräume und Speisesäle, unserer Passagierdampfer, Schiffswerfte und Hafenbauten so augenscheinlich sind, dass auf eine allgemeine Einführung desselben für diese Zwecke mit Gewissheit zu rechnen ist.

Auch unsere Gesetzgebung ist hinter dem Zeitgeiste nicht zurückgeblieben in der Erkenntniss der Wichtigkeit des neuen Beleuchtungsmittels. Im Jahre 1879 veranstaltete ein auserlesenes Comité des House of Commons eine eingehende Untersuchung in die Beschaffenheit und den wahrscheinlichen Kostenpunkt des elektrischen Lichtes, wobei man besonders eine gesetzliche Regulirung im Auge hatte und die Beschlüsse, die man damals gefasst hat, sind meines Erachtens die besten, zu denen man gelangen konnte. Das Comité kam zu der Ueberzeugung, dass es am besten sei, die praktische Einführung des elektrischen Lichtes versuchsweise zu ermuthigen durch Gewähren von Erlaubnissscheinen, und dieses Verfahren hat im Jahre 1882 das Gesetz für elektrisches Licht in's Leben gerufen, dem Mr. Chamberlain, der Präsident der Handelskammer, besonderen Vorschub geleistet hat und das Veranlassung zu sehr entgegengesetzten Ansichten gegeben hat. Es war allerdings wohl kaum zu erwarten, dass irgend ein Gesetzesakt, der diesen Gegenstand berührte, allgemeine Genugthuung geben würde, da viele, die Gas als das einzig zweckmässige Beleuchtungsmittel ansehen, stets bereit sind, jede Massnahme zu Gunsten der Einführung des rivalisirenden Beleuchtungsmittels von Hause aus zu verwerfen, andere dagegen es am liebsten gleichsam als Monopol in den Händen der Lokalbehörden oder grosser Finanz-Corporationen sehen möchten, während wieder andere der Concurrenz gerne die Thore soweit öffneten, dass sozusagen Jedem das Recht zustände, öffentliche Passagen aufzureissen, um Leitungsdrähte anzulegen ohne jeglichen öffentlichen Einspruch oder Verhinderung.

Das Gesetz, wie es augenblicklich besteht, hat meines Dafürhaltens einen Mittelweg zwischen diesen auseinandergehenden Meinungen gewählt, und wird, wenn es richtig ausgelegt wird, alle berechtigten Interessen beschützen, ohne einem gesunden Wachsthum der Anlagen zur Vertheilung elektrischer Energie für Beleuchtungs- und Kraftübertragungszwecke dadurch hindernd in den Weg zu treten. Eine jede Firma oder Beleuchtungs-Compagnie kann auf Grund einer Eingabe an die Lokalbehörde die Erlaubniss erhalten, elektrische Leitungen unter öffentlichen Passagen anzulegen, selbstredend unter solchen Bedingungen, worüber man sich vorher gegenseitig verständigt hat, und eine solche obrigkeitliche Genehmigung bleibt für 7 Jahre in Kraft; oder aber es kann auch bei der Handelskammer direkt eine provisorische Concession zum selben Zwecke nachgesucht werden, die, wenn sie vom Parlament genehmigt wird, dem Petenten für 21 Jahre das Besitzrecht sichert. Die Bewilligung Seitens der Lokalbehörde hat den Vortheil der Billigkeit und ist lediglich als eine Versuchsmaassregel zu betrachten, um der betreffenden Firma resp. Compagnie Gelegenheit zu geben, den Werth ihrer Anlage nachzuweisen. Ist dieser genügend erprobt, so würde das Privilegium aller Wahrscheinlichkeit nach bestätigt werden entweder durch ein Abkommen mit der Ortsbehörde, die Erlaubniss von Zeit zu Zeit zu erneuern, oder aber durch Erlangung einer provisorischen Concession, die in diesem Falle durch eine gemeinschaftliche Eingabe des Unternehmers und der Ortsbehörde nachzusuchen wäre. Nach Ablauf des Termines der provisorischen Concession ist der Ortsbehörde das Vorankaufsrecht zugesagt, wogegen mit viel Nachdruck eingewendet worden ist, und zwar von einer so competenten Autorität wie Sir Frederick Bramwell, dass die für den Ankauf festgesetzten Bedingungen die kontrahirenden Compagnien nicht im Verhältniss zu ihren Auslagen, sowie für das übernommene Risiko entschädigen, und dass ein derartiges Ankaufsrecht unvermeidlich dahin führen müsse, aus den Gemeinden gewöhnliche

Handelsgesellschaften zu machen. Wenn ich nun auch zugeben muss, dass ein solches Ergebniss gewiss nicht erwünscht wäre, so bin ich doch auf der anderen Seite überzeugt, dass zu einer Zeit, wo der wirkliche Werth der elektrischen Energie und die besten Mittel zu ihrer praktischen Verwerthung nur erst sehr wenig verstanden sind, für derartige Kontrakte mit spekulirenden Gesellschaften ein gewisser Termin festgesetzt werden musste. Die Lieferung von elektrischer Energie, besonders in ihrer Verwerthung für Kraftübertragungszwecke, ist einfach ein Gegenstand commerciellen Bedarfs und Verkaufs, der durchaus nicht den Charakter eines grossen Monopols anzunehmen braucht, ähnlich wie bei der Gas- und Wasserlieferung und kann dieselbe daher ruhig Firmen oder Lokalgesellschaften überlassen bleiben, die einer gewissen Controle zum Schutze der öffentlichen Interessen unterworfen sind. Nach Ablauf des Termins der provisorisch bewilligten Concession, kann der Kontrakt gegen bestimmte Zahlung und unter Bedingungen erneuert werden, wie sie dem Parlament gerecht und rathsam erscheinen, von dem die Handelskammer zur Vollstreckung solcher Erneuerungen ermächtigt wird.

Fast täglich erscheinen Klagen in den öffentlichen Blättern von Compagnien, dass Stadtbehörden deren Eingaben um provisorische Concessionsgewährung nicht unterstützen wollen; die Vermuthung liegt jedoch nahe, dass viele dieser Eingaben einen mehr oder weniger spekulativen Charakter haben, und dass in vielen Fällen lediglich die Absicht vorliege, Monopole für eventuellen Gebrauch oder Verkauf zu sichern. Unter solchen Umständen sind die Behörden vollständig in ihrem Rechte, wenn sie die Genehmigung ihrer Unterstützung zurückhalten; und es sollten meiner Ansicht nach überhaupt weder die Bewilligung der Ortsbehörden noch provisorische Concessionen gewährt werden, bevor die Bewerber nicht eine gewisse Garantie geleistet haben, dass sie auch wirklich im

Stande sind und den Willen haben, die versprochene Arbeit in einer je nach den Verhältnissen zu bestimmenden Zeitfrist auszuführen.

Neben diesen existiren aber auch noch technische Fragen, die bis jetzt noch keineswegs genügend verstanden sind, um gegenwärtig schon Anlagen in grossem Massstabe zu gestatten.

Man hat mit vollem Rechte auf die Verschiedenheit der Ansichten hingewiesen, welche die Männer der Wissenschaft darüber hegen, wie gross der Flächeninhalt sein dürfe, den jeder Beleuchtungsdistrikt umfassen solle, ferner wie hoch sich das Kapital belaufe, um eine solche Fläche zu beleuchten und eine wie hohe elektrische Spannung in den Leitungen zulässig sei. Für Gasbeleuchtungszwecke muss man die Fabriken nothgedrungen in die Vorstädte verlegen der Unannehmlichkeiten wegen, welche die Gasfabrikation für die in unmittelbarer Nähe der Fabriken Wohnenden mit sich bringt; und die Gaslieferung erstreckt sich daher nothwendiger Weise über grössere Flächenräume. Die Möglichkeit ist zweifelsohne vorhanden, mit der Elektricität in einer ähnlichen Weise zu verfahren, indem man elektrische Hauptleiter legte in der Gestalt von Kupferstäben von bedeutender Dicke, von denen Zweigleitungen nach allen Richtungen hin ausliefen; es fragt sich nur, ob ein derartiges nachahmendes Verfahren empfehlenswerth wäre, insofern es sich um den verhältnissmässigen Kostenaufwand und um die Leichtigkeit des Arbeitens eines solchen Systems handelt. Meine persönliche Ansicht, die auf langjährige praktische Erfahrung und eingehenderes Studium basirt, ist entschieden gegen einen solchen Plan. In meiner Aussage vor dem Parlaments-Comité habe ich den Raum, den ein elektrischer Distrikt in dicht bevölkerten Städten umfassen sollte, auf den vierten Theil einer Quadratmeile begrenzt und die Kosten der dazu nöthigen Dampfmaschinen, Dynamo-Maschinen und Leitungen auf 100 000 Pfund Sterling veranschlagt, während Andere die Ansicht aussprachen, dass Flächen von 1 bis 4 Meilen im Quadrat vortheilhaft von einem Centralpunkte aus mit elektrischer Kraft versehen werden könnten und zwar mit einem Kostenaufwande, der den von mir veranschlagten im Wesentlichen nicht überschreite. Diese Meinungsverschiedenheiten setzen keineswegs unbedingt bedeutende Differenzen in den für die einzelne Maschine oder Lampe veranschlagten Preisen voraus, da derartige Kostenanschläge nothwendig auf sehr verschiedenen Annahmen basiren mit Bezug auf die Zahl der Häuser und öffentlichen Bauten, sowie was die Lichtmenge anbelangt, die jedem dieser Gebäulichkeiten verhältnissmässig zuzutheilen ist — jedoch, ganz abgesehen hiervon, gebe ich nach wie vor kleineren Distrikten den Vorzug.

Zur besseren Erläuterung nehmen wir z. B. das Kirchspiel von St. James, ganz in unserer Nähe, ein Distrikt, der nicht dichter bewohnt ist, als andere Theile der Hauptstadt von gleichem Flächenraum, wenn derselbe auch vielleicht mehr öffentliche Bauten in sich schliesst. Nach dem letzten Bericht über die am 4. April 1881 stattgehabte Zählung beträgt die Einwohnerzahl dieses Kirchspiels 29 865; es enthält 3018 bewohnte Häuser und umfasst 7 056 000 Quadratfuss oder aber etwas mehr als den vierten Theil einer Quadratmeile.

Um ein bequemes Haus von mässigen Dimensionen in allen seinen Theilen so zu erleuchten, dass Gas, Oel und Kerzen gänzlich ausgeschlossen sind, würde man ungefähr 100 Glühlichte, jedes von 15 bis 18 Lichtstärken benöthigen; dies würde z. B. dieselbe Anzahl von Swanlichten sein, die Sir William Thomson zur Erleuchtung seines Hauses in der Universitätsstadt Glasgow gebraucht. 11 Pferdekräfte würden erforderlich sein, um diese Anzahl von Lampen zum Glühen zu bringen und nach dieser Berechnung würde das Kirchspiel von St. James 3018 × 11 = 33 200 Pferdekräfte für die elektrische Arbeit beanspruchen. Man könnte mit Recht einwenden, dass viele Häuser in diesem Distrikt nach einem viel geringeren Massstabe als dem hier angenommenen zu veranschlagen seien; man darf jedoch nicht vergessen, dass 600 dieser Häuser mit Läden im Erdgeschoss versehen sind und daher mehr Licht verbrauchen würden. Auch ist bei diesem Kostenanschlag nicht die elektrische Energie in Berechnung gebracht, welche die Erleuchtung der 11 Kirchen, 18 Klubhäuser, 9 Concerthallen, 3 Theater, sowie der zahlreichen Hotels, Restaurants und Hörsäle consumiren würde. Ein Theater von mässigen Dimensionen, wie z. B. das Savoy-Theater erfordert erfahrungsgemäss 1200 Glühlichte, die einen Kraftconsum von 133 Pferdekräften repräsentiren, und ungefähr die Hälfte dieser Kraft würde benöthigt sein für jeden der anderen, oben erwähnten, öffentlichen Bauten, was zusammen eine Summe von 2926 Pferdekräften ausmacht; dabei ist in dieser mehr allgemeinen Berechnung Strassenbeleuchtung nicht mit inbegriffen; und um die $6^1/_2$ Meilen der Hauptstrassen des genannten Kirchspiels mit elektrischem Licht zu beleuchten würden pro Meile 35 Bogenlichte von je 350 Lichtstärken oder im Ganzen 227 Lampen erforderlich sein. Diese zu 0,8 Pferdekraft pro Lampe gerechnet, repräsentirt einen ferneren Bedarf von 182 Pferdekräften oder einen Total-Consum von 3108 Pferdekräften für Zwecke, die mit der Hausbeleuchtung gar nichts zu thun haben, was wieder gleichbedeutend ist mit einem ferneren Bedarf von einer Pferdekraft pro Wohnhaus, wodurch der Totalbedarf auf 109 Lichte = 12 Pferdekräften pro Haus gebracht wird.

Ich stimme jedoch keineswegs mit der Ansicht überein, dass die Gasbeleuchtung gänzlich verdrängt werden wird, sondern habe im Gegentheil immer die Meinung aufrecht erhalten, dass, während das elektrische Licht grosse und ihm speziell eigenthümliche Vorzüge zur Beleuchtung unserer Haupträume,

Hallen, Magazine u. s. w. seines Glanzes wegen besitzt und besonders dadurch, dass es die gesunde Beschaffenheit der Luft in keiner Weise affizirt, noch vollständig Raum genug für die Entwickelung der Gasindustrie übrig bleibt, da das Gas noch vieler Verbesserungen fähig ist und wahrscheinlich auch seinen Platz als allgemeines Strassen- und Hausbeleuchtungsmittel behaupten wird.

Nehmen wir daher an, dass der grössere Theil der Beleuchtung für häusliche Zwecke den Gascompagnien verbleibt, und dass das elektrische Licht in unsere Privatwohnungen im Massstabe von vielleicht nur zwölf Glühlichten pro Haus eingeführt wird, so würde das Kirchspiel von St. James mit einer Quantität elektrischer Energie zu versehen sein, die genügte, um $(9+12)\ 3018 = 63378$ Lichte hervorzubringen, wozu 7042 Pferdekräfte erforderlich sind. Dies repräsentirt ungefähr $^1/_4$ der erforderlichen Total-Lichtmenge, wenn man dabei in Betracht zieht, dass die sämmtlichen, für jedes Haus zu liefernden Lichte nicht alle zu gleicher Zeit gebraucht werden. Bei obiger Berechnung ist die Kraftübertragung, die im Laufe der Zeit einen sehr bedeutenden Consum elektrischer Energie herbeiführen wird, ganz ausser Acht gelassen; in Anbetracht aber, dass man diese Kraft meistens bei Tage braucht, wenn kein Licht verlangt wird, würde ein bedeutender Mehrbedarf an Energie für diesen Zweck bei der ersten Anlage nicht zu berücksichtigen sein.

Um die Länge und Stärke des elektrischen Leiters auf ein Minimum zu beschränken, würde es von Wichtigkeit sein, die Kraftquelle so nahe wie möglich in den Mittelpunkt des Kirchspiels zu verlegen, und der Platz, der mir zu diesem Zwecke in unserem Falle vor Augen steht, ist Goldensquare. Wenn der unbebaute Raum dieses Platzes, der 22 500 Quadratfuss umfasst, fünfundzwanzig Fuss tief ausgehöhlt und dann überwölbt würde, um das gegenwärtige Niveau wieder herzustellen, so wäre ein passender bedeckter Raum geschaffen für Dampfkessel, Dampf- und Dynamo-Maschinen ohne Versperrung der Passage oder überhaupt irgend welche Belästigung des Publikums. Der einzige über das Niveau des Platzes sich erhebende Bau würde der Schornstein sein, der nach Art eines Monumentes aufgeführt, in die Mitte des Platzes placirt und mit Luftschächten zur Ventilirung der unterirdischen Kammer versehen werden könnte, wobei selbstredend Sorge zu tragen wäre, eine Vermeidung des Rauches durch solche Einrichtungen herbeizuführen, die eine vollständige Verbrennung des angewendeten Brennmaterials sicherten. Die Kosten einer solchen Kammer, der nöthigen Dampfkraft und der Dynamo-Maschinen zum Umsetzen dieser Kraft in elektrische Energie schätze ich zusammen auf 140 000 Pfund Sterling. Hierzu kommen noch die Auslagen für Anschaffung und Legung der Leitungen, sowie für Umschalter, Stromregulatoren und Einrichtungen zur Prüfung der Drahtisolation.

Die Kosten und Dimensionen der Leiter würden von ihrer Länge abhängen sowie von der zulässigen elektro-motorischen Kraft. Die letztere würde kraft obrigkeitlicher Bestimmung ohne Zweifel den Grad nicht überschreiten dürfen, wo Contact der beiden Leiter mit dem menschlichen Körper gefährliche Folgen haben könnte, d. h. dieselbe dürfte nicht mehr als etwa 200 Volt betragen, ausgenommen für Strassenbeleuchtung, wobei eine höhere Spannung zulässig sein würde. Bei der Wahl der Stärke des Leiters für eine bestimmte Anlage kommen zwei Hauptfaktoren in Betracht: erstens die Zinsen, die das für Beschaffung einer bestimmten Längeneinheit des Leiters bei der ersten Anlage ausgelegte Kapital verzehrt sowie der durch den Gebrauch herbeigeführte Werthverlust des Materials einer solchen Einheit, und zweitens die Unkosten für die durch den Widerstand einer solchen Längeneinheit verloren gegangene elektrische Energie. Der Betrag der Unkosten für diese beiden Faktoren, die gleichsam als Transportkosten der Elektricität angesehen werden können, ist, wie Sir William Thomson uns vor einiger Zeit gezeigt hat, unbedingt dann am geringsten, wenn die beiden Componenten gleich sind; und dies ist somit der Grundsatz, wonach bei der Wahl der Stärke eines Leiters zu verfahren ist.

Soweit meine Erfahrungen reichen, was grössere Anlagen anbelangt, so komme ich nach einem oberflächlichen Ueberschlag zu dem Resultate, dass in London Elektricität zum Preise von einem Shilling pro 10 000 Ampère-Volt oder Watt (746 Watt = 1 Pferdekraft) und pro Stunde produzirt werden könnte. Hieraus ergiebt sich, dass, wenn man für jeden Satz von vier hinter einander geschalteten Lampen (wie z. B. Swanlampen, an deren Stelle auch eine geringere Anzahl Lampen von grösserem Widerstande und höherer Leuchtkraft gewählt werden könnten) einen Bedarf an elektromotorischer Kraft von 200 Volt und für deren wirksames Arbeiten 60 Watt annimmt, die zum Speisen von 64 000 solcher Lichte erforderliche Totalstrommenge 19 200 Ampère und die dadurch, dass diese Strommenge durch den hundertsten Theil eines Ohm Widerstand zu passiren hat, verursachten Verlustkosten für elektrische Energie 16 Pfund Sterling pro Stunde betragen.

Der Widerstand einer Kupferstange, die eine Viertel Meile lang ist und einen Quadratzoll im Querschnitt hat, beträgt sehr nahe den hundertsten Theil eines Ohm und ihr Gewicht ungefähr 2 $^1/_3$ Tonnen. Angenommen nun, der Preis einer isolirten Kupferleitung betrüge 90 Pfund Sterling per Tonne und der Zins- und Werthverlust 7 $^1/_2$ Prozent, so würden die Kosten für den obigen Leiter bei täglichem achtstündigem Gebrauch sich auf 1 $^1/_2$ Penny pro Stunde belaufen. Hieraus folgt nach dem oben erörterten Grundsatze, dass für eine Anlage von den hier angenommenen Dimensionen ein Stangenleiter von 48,29 Quadratzoll im Querschnitt oder eine Stableitung von acht Zoll Durchmesser erforderlich sein würde.

Nimmt man die Durchschnittsentfernung der Lampen von der Station auf 1050 Fuss an, so würde das Gewicht des für das vollständige Leitungssystem nöthigen Kupfers beinahe 168 Tonnen und die Kosten für diese Metallmasse 15 120 Pfund Sterling betragen. Hierzu kommen noch die Kosten für die zur Aufnahme der Leitung unter der Erdoberfläche bestimmten eisernen Röhren, sowie für die Einrichtungen zum Prüfen der Isolation der Leitung und deren Etablirung. Vier Röhren von je zehn Zoll Durchmesser würden erforderlich sein, um von der Centralstation nach verschiedenen Richtungen hin auszugehen; jede davon würde sechzehn Leiter von je einem Zoll Durchmesser aufnehmen, wovon jeder für sich isolirt und eine Unterabtheilung von 1000 Lampen mit elektrischer Energie zu versehen hätte. Der Gesammtbetrag für die Anlage eines solchen Leitungssystemes kann auf £ 37 000 geschätzt werden, wodurch die Totalsumme der Kosten für Centralstation und Leitung auf 177 000 Pfund Sterling gebracht wird. Ich habe unterirdische Leitungen angenommen, weil ich es für durchaus unzulässig erachte, innerhalb der Stadtgrenzen überirdische Leitungen anzubringen, sowohl was die Dauerhaftigkeit der Anlage, als auch was die Sicherheit und Bequemlichkeit des Publikums anbelangt. Mit einem solchen Kostenaufwande könnte das Kirchspiel von St. James mit elektrischem Licht bis zu 25 Prozent der im Ganzen erforderlichen Lichtmenge versehen werden. Die Lieferung eines höheren Prozentsatzes elektrischer Energie würde eine verhältnissmässige Erhöhung des Anlagekapitals bedingen, wobei der Betrag der Kosten für die Leiter im Verhältniss zu der Bezirksvergrösserung beinahe auf das Quadrat erhoben würde, wenn man nicht anstatt dessen einen verhältnissmässig bedeutenderen Kraftverlust durch Widerstand erleiden wollte.

Es dürfte Leute, die mit dieser Sache weniger vertraut sind, wohl überraschen, zu hören, dass um einen einzigen Distrikt mit elektrischer Energie zu versehen, Kupferleiter von einem Gesammt-Cubikinhalte, der dem eines Stabes von 8 Zoll im Durchmesser gleichkommt, erforderlich seien; und man könnte wohl fragen: wie ist es aber möglich, unter solchen Umständen die Energie eines Wasserfalles auf Entfernungen von zwanzig bis dreissig Meilen zu übertragen, wie von Einigen vorgeschlagen worden ist. Es lässt sich allerdings nicht läugnen, dass die Transmission elektrischer Energie von so niedrigem Spannungsvermögen (von 200 Volt), wie sie nur für Wohnhäuser zulässig ist, Leiter von praktisch unmöglichen Dimensionen nöthig machen würde, und um elektrische Energie auf solche Entfernungen übertragen zu können, müsste man vor allem zu einem elektrischen Strome von hoher Spannung seine Zuflucht nehmen. Durch Erhöhung des Spannungsvermögens von 200 auf 1200 Volt könnten die Leitungen auf ein Sechstel ihres Flächeninhaltes reduzirt werden, und wenn man davon absähe, einen grösseren Prozentsatz der vom Wasserfalle auf billige Weise gewonnenen Energie zu verlieren, so könnte selbst noch eine grössere Reduzirung erzielt werden. Ein Strom von so hoher Spannung dürfte in Wohnhäusern für Beleuchtungszwecke nicht angewandt werden, man könnte ihn jedoch die Windungen einer sekundären Dynamomaschine passiren lassen, die dazu diente, eine andere primäre Maschine zu treiben, welche letztere dann wieder Ströme von niedrigem Potentialvermögen zum allgemeinen Verbrauch vertheilte. Auch sekundäre Batterien können benutzt werden, um die Umsetzung der Ströme von hoher in solche von niedriger Spannung zu bewirken, jenachdem die eine oder andere Methode sich als billiger bei der ersten Anlage, für die Verwaltung und am sparsamsten in Bezug auf Energieverlust erweist. Für grosse Entfernungen dürfte es wohl rathsam sein mehrere solcher Kraftumsetzungsstationen anzulegen, wodurch sich eine Reduzirung der Dimensionen und des Preises für die Leitung auf Kosten des eigentlichen Nutzeffektes erzielen liesse; und der elektrische Ingenieur wird sich bei seinen Anlagen in solchen Fällen **nach dem** Verhältniss der Leitungskosten zu denen der Kraft an ihrer ursprünglichen Quelle zu richten haben. Sollten sekundäre Batterien im Laufe der Zeit mehr konstante Wirkung bekommen, als dies augenblicklich der Fall ist, so dürften sich Consumenten derselben wohl in ausgedehnterem Massstabe dazu bedienen, um bei Tage oder für die wenigen Nachtstunden, wenn die Centralmaschine keine Arbeit hat, eine gewisse Ladung elektrischer Energie stets zur Hand zu haben und die Vortheile eines solchen Verfahrens hängen wieder ab von den relativen ersten Etablirungskosten sowie von dem Betrag der Kosten für das Arbeiten der sekundären Batterie resp. der Maschine. Diese Fragen haben jedoch mit unserer gegenwärtigen Betrachtung nichts zu thun.

Die grosse Häusermasse, welche die Metropole von London umfasst, nimmt ungefähr siebenzig Quadratmeilen ein, wovon man annehmen kann, dass dreissig Meilen aus Parkanlagen, öffentlichen Plätzen und spärlich bewohnten Flächen bestehen, die für unseren heutigen Zweck weniger in Betracht kommen. Die übrigen vierzig Quadratmeilen könnten in vielleicht 140 Bezirke eingetheilt werden, wovon jeder im Durchschnitt etwas mehr als eine Viertelquadratmeile, aber völlig 3000 Häuser umfasst mit einer Bevölkerung ähnlich der des Distriktes von St. James.

Nimmt man zwanzig dieser Bezirke, die mit dem von St. James in eine Klasse fallen (nach Abzug der in meiner Berechnung nicht mit eingeschlossenen 600 Läden) als Centralbezirke an, sechszig als ausschliesslich Privatwohnbezirke und die übrigen sechszig für die verhältnissmässig ärmere Bevölkerung, und berechnet man die für diese drei Klassen erforderliche lichtgebende Kraft im Verhältniss von 1 zu $^2/_3$ resp. zu $^1/_3$, so würde sich herausstellen, dass die Totalsumme des Kapitals, das dazu nöthig wäre, um die Metropole bis zu 25 Prozent mit der im Ganzen für die Beleuchtung derselben erforderlichen elektrischen Energie zu versorgen, sich beliefe, wie folgt:

$$20 \times 177\,000 = £\ 3\,540\,000$$
$$60 \times {}^2/_3 \times 177\,000 = £\ 7\,080\,000$$
$$60 \times {}^1/_3 \times 177\,000 = £\ 3\,540\,000$$

in Summa auf £ 14 160 000

oder in runder Zahl auf vierzehn Millionen Pfund Sterling (ohne die Kosten für Lampen und innere Einrichtungen) oder auf einen durchschnittlichen Kapitalaufwand von 100 000 Pfund Sterling pro Distrikt.

Um dasselbe System auf alle Städte von Grossbrittanien und Irland auszudehnen, würde ein Kapital von sicherlich mehr als 64 Millionen Pfund Sterling erforderlich sein, wozu noch 16 Millionen Pfund für Lampen und innere Ausrüstungen zu addiren wären, was einen Totalkostenaufwand von 80 Millionen Pfund Sterling ausmacht. Der Eine oder Andere von uns könnte wohl alt genug werden, um dies verwirklicht zu sehen; das Flüssigmachen eines solchen Kapitals aber und, was weit mehr noch in die Wagschale fällt, die Beschaffung der nöthigen Fabrikationsmittel, um die Arbeitsmasse hervorzubringen, die einen solchen Werth von Maschinerie und Draht repräsentirt, könnte unbedingt nur das Resultat vieler Jahre technischen Fortschritts sein. Wenn wir daher hören, dass Compagnien um provisorische Concessionen einkommen, um nicht nur jede Stadt im ganzen Lande, sondern auch die Kolonien und fremde Ländertheile mit elektrischer Energie zu versorgen, so können wir wohl zu keinem anderen Schlusse kommen, als dass der Ehrgeiz solcher Compagnien die Kraft ihres Vermögens denn doch etwas überschreiten dürfte, und dass keine provisorische Concession anders als unter der Bedingung bewilligt werden sollte, dass die versprochene Arbeit innerhalb eines den Verhältnissen entsprechenden Termins fertig gestellt wird, da ohne eine derartige Vorsorge die bewilligten Privilegien den Fortschritt der elektrischen Beleuchtung eher verzögern als befördern und gleichzeitig rein spekulativen Unternehmungen ungebührenden Vorschub leisten würden.

Die Erweiterung eines Distrikts über die Grenze einer Viertelquadratmeile hinaus, würde Anlagen von schwerfälligen Dimensionen bedingen und die Totalkosten der elektrischen Leitungen pro Einheit ihres Flächeninhalts bedeutend vermehren; ganz abgesehen aber von dem dabei in Betracht zu ziehenden Kostenpunkt, würden auch grosse Unbequemlichkeiten für das Publikum in Folge der Zahl und Dimensionen der elektrischen Leiter daraus erwachsen, die dann nicht länger mehr in engen Kanälen unter den Randsteinen des Pflasters untergebracht werden könnten, sondern die Konstruktion kostspieliger unterirdischer Gewölbe — wahrhafter cava electrica — nothwendig machen würden.

Der Betrag der Arbeitskosten für eine Anlage, wie das Kirchspiel von St. James es voraussetzt, würde von der Zahl der täglichen Arbeitsstunden und dem Preise des Brennmaterials per Tonne abhängen. Angenommen die 64 000 Lampen leuchteten sechs Stunden täglich, der Kohlenpreis betrüge 20 Schillinge pro Tonne und der Konsum zwei Pfund pro wirksame Pferdekraft und Stunde, so würde der jährliche Betrag der Arbeitskosten bei achtstündiger Heizung pro Tag ungefähr 18 300 Pfund Sterling betragen; hierzu kämen noch: für Gehälter, Reparaturen und diverse Spesen ca. £ 6000, für Zins- und Werthverlust der Materialien, zu $7^1/_2$ Prozent veranschlagt, £ 13 300 und für die Verwaltung im Allgemeinen ungefähr £ 3400, macht im Jahre in Summa 41 000 Pfund Sterling oder einen Betrag von 12 s. 9½ d. pro Glühlampe per annum. Ferner sind noch Erneuerungskosten für Lampen in Anrechnung zu bringen, die für die 1200 Stunden glühende Lampe von 16 Normalkerzen auf 5 s. oder auf 9 s. per annum geschätzt werden können, so dass die jährliche Auslage pro Lampe in Summa 21 s. 9½ d. beträgt.

Wenn wir die obigen Resultate mit den Gasbeleuchtungskosten vergleichen, so werden wir finden, dass ein guter Argand-Brenner fünf Kubikfuss Gas verbrennt, um denselben Lichteffekt zu erzielen, den ein Glühlicht von 16 Kerzenstärken hervorbringt. Wird ein solcher Brenner sechs Stunden täglich im Durchschnitt gebrannt, so repräsentirt dies einen jährlichen Gaskonsum von 10 950 Kubikfuss, dessen Werth zum Preise von 2 s. 8 d. pro 1000 Kubikfuss eine Summe von jährlich 29 s. ausmacht, woraus hervorgeht, dass das elektrische Glühlicht, in grösserem Massstabe angewandt, entschieden billiger ist, als die Gasbeleuchtung zu heutigen Preisen und mit gewöhnlichen Gasbrennern.

Auf der andern Seite dagegen betragen die Kosten für Gasfabrik-Anlagen und Leitungen, die zum Speisen von 64 000 Argand-Brennern erforderlich sind, im Gegensatze zu den oben veranschlagten £ 177 000 für elektrische Beleuchtung nicht mehr als 80 000 Pfund Sterling; und wir sehen daher, dass, obschon die Anlagekosten zur Lieferung einer bestimmten Lichtmenge für elektrische Beleuchtung sich höher stellen als für Gasbeleuchtung, der ersteren doch der Vorzug gebührt, insofern es sich um die laufenden Arbeitskosten handelt.

Ich könnte jedoch den Fürsprechern der elektrischen Beleuchtung keineswegs anrathen, die obigen Zahlen so aufzufassen, als wenn sie auf andauernde Zustände angewendet werden könnten. Bei der Berechnung der Kosten für elektrisches Licht habe ich nämlich nur den Werthverlust des

Materials in Betracht gezogen und fünf Prozent Zinsen für das verausgabte Kapital in Anrechnung gebracht, während die Gaskompagnien im Allgemeinen hohe Dividenden an ihre Aktionäre zahlen, und wenn es sein muss, das Gas auch zu billigeren Preisen liefern können, indem sie von den jüngst gemachten Verbesserungen bei den Fabrikationsprozessen Gebrauch machen, sowie den immer mehr zunehmenden Werth der bei der Gasfabrikation erzeugten Nebenprodukte, wie Steinkohlentheer, Koaks und Ammoniak mehr ausnutzen. Auch hat man kürzlich neue Gasbrenner erfunden, welche den Lichteffekt einer gegebenen Gasmenge durch rein mechanische Einrichtungen fast verdoppeln und gleichzeitig den Glanz des Lichtes bedeutend erhöhen.

Auf der anderen Seite könnte aber auch die elektrische Beleuchtung entschieden billiger hergestellt werden, indem man in ausgedehnterem Massstabe, als dies in meiner Berechnung angenommen, von dem Bogenlichte Gebrauch machte, das, wenn es für häusliche Zwecke auch nicht so angenehm für's Auge ist, wie das Glühlicht, so doch für weniger als die Hälfte der Kosten produzirt werden kann, und dessen Verwendung aus diesem Grunde für Strassenbeleuchtung und für grosse Hallen, selbstverständlich gleichzeitig mit Benutzung von Glühlampen, dem ausschliesslichen Gebrauche von Glühlicht gegenüber den Vorzug verdient. Zudem ist auch wohl anzunehmen, dass im Laufe der Zeit Glühlampen für einen geringeren Preis und mit länger andauerndem Lichteffekt hergestellt werden können.

In Anbetracht der immer grösser werdenden Ansprüche des Publikums, was Verbesserungen der Beleuchtung anbelangt, darf man wohl erwarten, dass die Einführung des elektrischen Lichts mindestens bis zu dem hier vorausgesetzten Grade verwirklicht und Hand in Hand gehen wird mit einem Mehrkonsum von Gas für Licht- und Heizzwecke, und die sehr grosse Konkurrenz, die höchst wahrscheinlich zwischen den Repräsentanten der beiden Beleuchtungssysteme hieraus erwachsen wird, kann nicht verfehlen, sowohl die Qualität der beiden Lichtarten zu verbessern, als auch die Lieferungskosten derselben zu verringern, und die Resultate einer solchen Konkurrenz könnten die Konsumenten sehr wohl mit einer gewissen behaglichen Genugthuung abwarten. Das elektrische Licht muss als Luxuslicht den Sieg davontragen, Gas dagegen wird zur selben Zeit eine immer grössere Anwendung für die mehr bescheidenen Beleuchtungszwecke finden.

In meiner Anrede an die British Association habe ich die Leistungsfähigkeiten und Aussichten des Gases sowohl als Beleuchtungsmittels, als auch als Heizungsagents besonders hervorgehoben, und ich glaube nicht zu sanguinisch gewesen zu sein, wenn ich diesem Brennstoff eine Zukunft vorausgesagt habe, die alle gegenwärtigen Begriffe überschreiten wird.

Ich habe nachzuweisen gesucht, dass speziell für diesen Zweck geliefertes Gas nicht nur die passendste, sondern auch bei Weitem die billigste Art von Brennmaterial sein würde, womit man unsere Städte versehen könnte. Eine solche allgemeine Versorgung mit Heizgas, getrennt von der Lieferung des Leuchtgases, was durch Ansammeln der beiden Gase in verschiedenen Behältern während bestimmter Perioden des Destillationsprozesses bewerkstelligt werden könnte, würde die Vortheile bieten:

1. Ein Leuchtgas von höherer Leuchtkraft zu erzielen.
2. Unsere Städte von dem beschwerlichen Transport von Kohle und Asche zu befreien.
3. Die vollständige Beseitigung jenes Schreckbildes, das uns den Aufenthalt in den Städten im Winter so sehr verleidet, des Rauches und seiner Folgen zu bewirken und

4. Die Erzeugung jener werthvollen Nebenprodukte des Gases: des Steinkohlentheers, Koaks und Ammoniaks bedeutend zu vermehren, deren jährlicher Ertrag den Werth der in den Gasanstalten consumirten Kohle heute schon um beinahe drei Millionen Pfund Sterling überschreitet.

Die jüngst stattgehabten Ausstellungen haben den wohlthätigen Einfluss gehabt, das öffentliche Interesse zu Gunsten der Rauchverminderung zu erregen, und es ist gewiss erfreulich zu hören, dass bereits viele Bewohner der Hauptstadt, ohne dazu gesetzlich gezwungen zu sein, damit umgehen, vollständig rauchlose Einrichtungen zur Heizung ihrer Wohnräume und Küchen einzuführen.

Die Society of Arts, die seit mehr als hundert Jahren alle wichtigen Fragen, die auf den öffentlichen Gesundheitszustand, auf das Wohlsein und die Belehrung des Publikums Bezug haben, mit grösstem Interesse verfolgt hat, würde besonders dazu geeignet sein, um die bei der Lieferung und ökonomischen Verwerthung von Gas und Elektricität für Licht-, Krafterzeugungs- und Heizzwecke in Betracht kommenden Fragen einer gründlichen Untersuchung zu unterwerfen. Sie würde dadurch einer gesetzlichen Reform, die zur Erleichterung der Einführung eines rationellen Systemes nothwendig erscheinen dürfte, den Weg bahnen.

Wenn ich dabei irgendwie behülflich sein kann, das Interesse der Gesellschaft für diese wichtigen Fragen und besonders für die Frage der Rauchbeseitigung einigermassen zu erwecken, so werde ich im nächsten Jahre mit dem angenehmen Bewusstsein den Vorsitz abtreten, dass die Zeit meines Amtes nicht ganz ohne praktischen Nutzen gewesen ist.

Sir Frederick Bramwell, F. R. S. Als vorigjähriger Vorsitzender des Vorstandes betrachte ich es als mein Vorrecht, den Antrag zu stellen, dass wir meinem Nachfolger für seine Anrede ein herzlichstes Dankvotum zu Theil werden lassen. Man darf der Gesellschaft bei dieser Gelegenheit Glück wünschen, als Vorsitzenden ihres Vorstandes einen Mann erwählt zu haben, der vor allen Anderen vor vielen Jahren bereits rein wissenschaftliche Forschung für industrielle Zwecke verwerthet hat und zwar mit dem ausgezeichnetsten Erfolge. Wenn wir den Charakter unserer Gesellschaft und die Zwecke im Auge haben, welche dieselbe verfolgt, so müssen wir uns gestehen, dass Männer, die auf eine Vergangenheit zurückblicken können, wie der gegenwärtige Vorsitzende, gerade die Persönlichkeiten sind, auf die unsere Wahl für den Vorsitz fallen sollte, wenn uns eine solche Wahl immer offen stünde; aber leider sind solche Männer nur selten zu finden, und wenn sie gefunden sind, sehr schwer zu haben; und ich sehe es daher als eine der grössten Errungenschaften des Vorstandes an, dessen Vorsitz ich die Ehre hatte im vorigen Jahre zu führen, dass derselbe sich meines Nachfolgers versichert und ihn heute als Vorsitzenden hier eingeführt hat. Als sich der Vorstand dieserhalb an Dr. Siemens wandte, versuchte derselbe die schwache Entschuldigung vorzubringen, dass die British Association ihn eben zu ihrem Präsidenten erwählt habe, und dass er nicht recht einzusehen vermöchte, wie er gleichzeitig auch als Vorsitzender der Society of Arts fungiren könne. Der Vorstand hingegen erwiderte ihm darauf, dass dies ganz und gar keine Entschuldigung, im Gegentheil, dass es gerade der Grund sei, weshalb man ihn gerne zum Vorsitzenden haben möchte. Dann führte Dr. Siemens als ferneren Entschuldigungsgrund an, den er auch heute Abend hier vorgebracht hat, dass sein Gedankenvorrath, nachdem er in Southampton gesagt, was er zu sagen hätte, vollständig erschöpft sein würde, worauf ich selbst nur entgegnen konnte, dass es nicht nur Southampton's sondern in der That sehr vieler Städte bedürfte, um den Wissensschatz des Dr. Siemens zu entleeren, und dass die Society of Arts sich recht gerne mit den praktischen Ueberbleibseln begnügen wolle, nachdem Dr. Siemens sich seines rein wissenschaftlichen Vorrathes entäussert habe. Ich bin überzeugt, dass die Versammlung nach der heute Abend gehörten Eröffnungsrede zu der Ansicht gekommen ist, dass diese meine Antwort eine vollständig berechtigte war, und dass der Vorstand ebenso mit Recht darauf bestanden hat, Dr. Siemens als seinen Vorsitzenden zu haben. Sein Vortrag hat sich fast ausschliesslich auf einen Gegenstand beschränkt — auf einen der vielen, die er vollständig bemeistert — nämlich auf die elektrische Beleuchtung. Er hat verschiedene wichtige Fragen, die damit in Verbindung stehen, berührt; die Anrede behandelt aber hauptsächlich die praktischen Fragen und bezieht sich auf das, was so viele schon längst zu wissen wünschten, nämlich: was in Wirklichkeit bewerkstelligt werden könnte, wie hoch sich die Kosten belaufen und was das Resultat sein würde. Jeder der hier Anwesenden kann mit der gegebenen Auskunft nur auf's Höchste zufrieden sein. Dr. Siemens hat selbst hervorgehoben, dass andere, tüchtige Fachmänner mit seinen Ansichten nicht übereinstimmten, die in Bezug auf die Grösse der von einer Centralstation aus zu bedienenden Distrikte, sowie was den Kostenpunkt der elektrischen Beleuchtung anbelangt, zu günstigeren Resultaten gelangten. Wir wissen alle recht wohl, dass Dr. Siemens keineswegs der Mann ist sich als unfehlbar hinstellen zu wollen, und dass Niemand mehr bereit ist anzuerkennen, dass Andere im Recht gewesen sind und die Verhältnisse sich günstiger gestalten, als er geglaubt habe, nachdem ihm der Beweis geliefert worden ist, dass er im Unrechte war. Nehmen wir jedoch an, dass Dr. Siemens' Ansicht die richtige ist, und dass wirklich nur Distrikte von den angeführten Dimensionen und in der vorgeschlagenen Weise bedient werden könnten und mit keinem geringeren Kostenaufwand, so hat Dr. Siemens immerhin nachgewiesen, dass mit einem Anlagekapital, das im Verhältniss zu dem für Gas mit gleichem Lichteffekt sich ungefähr wie 2 zu 1 stellt, nachdem er fünf Prozent Zinsen für dieses doppelt so grosse Kapital veranschlagt und ebenso den Werthverlust der Materialien, die einen grossen Theil des Anlagekapitals repräsentiren, in Anrechnung gebracht hat (der bei Kupferleitungen und derartigen Einrichtungen in der That nur ein ganz unbedeutender sein könnte) — ich sage, Dr. Siemens hat gezeigt, dass unter diesen Verhältnissen eine bestimmte Glühlichtmenge den Konsumenten zum Preise von 22 s. geliefert werden könnte, während Gas mit demselben Lichteffekt 29 s. kostet. Jeder, der mit der Sache einigermassen vertraut ist, muss zugestehen, dass es durchaus nicht unrichtig gewesen sein würde, wenn Dr. Siemens anstatt des Gases das Luxuslicht, dessen wir uns in unseren Wohnhäusern bedienen, zu seinem Vergleich mit dem elektrischen Lichte gewählt hätte. Viele von uns wollen überhaupt von Gasbeleuchtung für Wohnzimmer nichts wissen und nehmen daher zu Wachskerzen und Lampen oder zu ähnlichen Beleuchtungsmitteln ihre Zuflucht, deren Kosten die von Dr. Siemens ausgerechneten ganz bedeutend überschreiten. Ich bin daher fest überzeugt, dass, nachdem die elektrische Beleuchtung einmal eingeführt worden ist, die Anfragen für dieselbe Seitens der Stadtbewohner, die in wohl ausgestatteten Häusern wohnen, sich als zahlreicher und grösser herausstellen werden, als Dr. Siemens angenommen hat, da das elektrische Licht keine der Uebelstände im Gefolge hat, die sich beim Gase nicht wegleugnen lassen, so vorzüglich dasselbe auch sein mag im Vergleich zu allem dem, was ihm vorausgegangen ist. Ich kann jedoch nicht weiter in die Details eingehen, die mich nur noch mehr von meinem eigentlichen Zweck ablenken würden, der lediglich darin besteht, zu beantragen, dass die Versammlung dem Dr. Siemens ein Dankesvotum zu Theil werden lasse. Ich bin gewiss, dass Jeder von Ihnen mit mir darin übereinstimmen wird, dass es ein glückliches Ereigniss für unsere Gesellschaft ist, heute am Jahrestage unseres 128jährigen Bestehens einen Vorsitzenden erwählt zu haben, der in jeder Beziehung competent ist, den Vorstand in der weiteren Verfolgung der Zwecke der Gesellschaft zu leiten, nämlich in der Beförderung der Kunst, der Industrie und des commerciellen Fortschrittes unseres Landes.

Lord Alfred Churchill. Erlauben Sie mir den Antrag des Dankvotums für Dr. Siemens, den Sir Frederick Bramwell auf so würdige Weise gestellt, in jeder Beziehung zu unterstützen und mich ganz seiner Ansicht anzuschliessen, dass wir uns dadurch in eine sehr glückliche Lage versetzt sehen, dass es uns gelungen ist, für das laufende Jahr die Leitung des Dr. Siemens zu sichern. Die bewunderungswürdige Eröffnungsrede, womit derselbe uns heute beehrt hat, handelt hauptsächlich von elektrischer Beleuchtung, enthält aber, meines Erachtens, auch nicht das Geringste, was den in Gaskompagnien Interessirten Ursache zu irgend welchen Befürchtungen geben könnte. Gas ist so wesentlich für Heiz- und Kochzwecke, dass gar keine Gefahr vorhanden ist, dass es jemals aus dem Gebrauch komme.

Der Antrag wurde einstimmig genehmigt.

Dr. Siemens. Ich danke Ihnen verbindlichst für die freundliche Aufnahme, die meine Anrede bei Ihnen gefunden hat und Sir F. Bramwell und Lord A. Churchill noch besonders für die wohlwollende Weise, wie sie sich darüber ausgesprochen haben. Ich habe versucht, im Allgemeinen die günstigsten Bedingungen darzulegen, unter denen Elektricität und Gas für praktische Zwecke unter heutigen Verhältnissen geliefert werden könnte, und obgleich ich durchaus mit Sir F. Bramwell übereinstimme, dass Umstände eintreten können, die eine Abweichung von den Punkten, die nach meiner Darlegung zu beobachten sind, bis zu gewissem Grade nothwendig machen, so giebt es doch auf der anderen Seite auch gewisse Grundsätze, die ausserordentlich eigensinniger Natur sind und sich nicht so leicht umwerfen lassen. Für ein Pfund Sterling kann man nun einmal nicht mehr als zwanzig Schillinge erhalten und wenn uns nun Berechnungen zu Gesichte kommen, die bei einem bestimmten Kraftaufwand mehr Licht hervorbringen wollen, als die lichtgebende Energie theoretisch repräsentirt, dann hat man am Ende denn doch nicht ganz unrecht, die Richtigkeit solcher Berechnungen zu bezweifeln. Der Weg würde der Einführung des neuen Beleuchtungsmittels vielmehr dadurch gebahnt werden, dass man die Grenzen und Kosten für die Hervorbringung bestimmter Effekte dem Publikum einfach klar und offen darlegte, und diesem Grundsatze bin ich in meiner Abhandlung gefolgt. Der Saal, in dem wir uns befinden, wird durch den Strom einer Dynamomaschine erleuchtet, die durch eine Gasmaschine getrieben wird, und hieraus erklären sich kleine Unregelmässigkeiten im Lichte, die Ihnen vielleicht heute Abend aufgefallen sind. Die Gasmaschine hat ohne Zweifel eine grosse Zukunft, muss jedoch noch sehr verbessert werden, besonders was Gleichförmigkeit der Arbeit anbelangt, ehe sie in dem erwünschten ausgedehnten Massstabe für elektrische Beleuchtungszwecke zu gebrauchen ist.

Der elektrische Schmelzofen.

A u s z u g

aus dem

Journal of the Society of Telegraph Engineers für das Jahr 1880

und aus dem

Telegraphic Journal and Electrical Review für das Jahr 1882.

Der elektrische Strom, wie er durch die Zinkzersetzung in der galvanischen Batterie erzeugt wird, war eine zu kostspielige Art von Energie, um auf unsere Bedürfnisse Anwendung zu finden da, wo es sich um Masseneffekte handelte, und man nahm daher hauptsächlich nur dann zu demselben seine Zuflucht, wenn Energie in der Gestalt von Wärme oder mechanischer Kraft nicht ausreichte unsere Zwecke zu erfüllen, d. h. da, wo der elektrische Strom in Folge der grossen Geschwindigkeit, mit welcher derselbe einen metallischen Leiter passirt, sich uns als alleiniges Medium zur Verfügung stellte, um momentane Effekte auf grosse Entfernungen auszuüben. Der dynamo-elektrische Strom giebt uns auf der anderen Seite die Mittel an die Hand, ohne grossen Verlust mechanische in elektrische Energie umzusetzen, und ermöglicht es uns ferner elektrische Impulse so anzusammeln, dass die damit erzielten mechanischen Wirkungen nicht nach Gran und Unzen, sondern nach Pfund- und Tonnengewichten, die auf eine beträchtliche Höhe gehoben werden, zu messen sind.

Es ist nicht meine Absicht, hier näher einzugehen auf die Eigenthümlichkeiten der dynamo-elektrischen Maschine; ich möchte vielmehr heute eine noch weniger bekannte Verwerthung derselben beschreiben, nämlich ihre Verwendung als Hülfsmittel zum Schmelzen schwerflüssiger Stoffe in grösseren Quantitäten im elektrischen Schmelzofen.

Von den Mitteln, die uns zur Schmelzung sehr schwerflüssiger Metalle und anderer Stoffe zur Verfügung stehen, hat keines vollere Anerkennung gefunden, als das Knallgasgebläse. Die sinnreiche Abänderung desselben von M. H. Ste. Claire Deville, welche unter dem Namen des Deville'schen Schmelzofens bekannt ist, wurde von Mr. George Matthey F. R. S. noch weiter vervollkommnet und zur Schmelzung bedeutender Mengen Platins angewandt.

Ein anderes Mittel jedoch, um ausserordentlich hohe Wärmegrade zu erzielen, bietet der Regenerativ-Gasofen, der jetzt in den Gewerben in ausgedehntem Masse im Gebrauch ist — unter Anderem auch zur Erzeugung von Gussstahl. Bei Anwendung des Offenen-Herd-Prozesses kann man zehn bis fünfzehn Tonnen schmiedbaren Eisens, welches nur Spuren von Kohle oder anderen mit demselben verbundenen Stoffen enthält, auf dem offenen Herde des Schmelzofens, in vollständig flüssigem Zustande beobachten, bei einer Temperatur, welche wahrscheinlich nicht niedriger als der Schmelzpunkt des Platins ist. Es möge hierbei bemerkt werden, dass das einzige Baumaterial, welches einer solchen Hitze zu widerstehen vermag, ein Backstein ist, der aus 98,5 Prozent Kieselsäure und nur 1,5 Prozent Thonerde, Eisen und Kalk zum Binden der Säure zusammengesetzt ist.

Im Deville'schen Schmelzofen wird ein ausserordentlich hoher Hitzegrad durch die Vereinigung reinen Sauerstoffes mit einem reichen brennbaren Gase unter der Einwirkung eines Gebläses erzielt, während die grosse Wärmeentwicklung im Siemens'schen Ofen der langsamen Verbrennung eines armen Gases zuzuschreiben ist, welche durch ein Aufsammlungsverfahren in Wärmemagazinen oder Regeneratoren, so zu sagen in ihrer Wirkung potenzirt wird.

Die Temperatur, welche man erreichen kann, ist in beiden Oefen durch den Punkt der vollkommenen Dissociation von Kohlensäure und Wasserdampf begrenzt, der nach Ste. Claire Deville und Bunsen auf von 2500 bis 2800 Centigrade geschätzt werden kann. Lange jedoch, ehe dieser äusserste Punkt erreicht ist, wird die Verbrennung so träge, dass die Wärmeverluste durch Strahlung der Wärmeerzeugung durch Verbrennung das Gleichgewicht halten und somit eine weitere Zunahme der Temperatur verhindern.

Es ist daher der elektrische Lichtbogen, nach dem wir uns umsehen müssen, um einen den Dissociationspunkt der Verbrennungsprodukte übersteigenden Temperaturgrad zu erhalten, und es fehlt in der That nicht an Nachweisen für die schon frühzeitige Anwendung des elektrischen Lichtbogens zur Hervorrufung von Erscheinungen, welche die äusserste Temperaturhöhe voraussetzen. Schon im Jahre 1807 gelang es Sir Humphrey Davy vermittelst des elektrischen Stromes einer Wollaston'schen Batterie von 400 Elementen Potasche zu zersetzen und derselbe Forscher überraschte 1810 die Mitglieder der Royal Institution durch die prachtvolle Erscheinung des mit Hülfe desselben Mittels zwischen zwei Kohlenspitzen erzeugten elektrischen Lichtbogens.

Magneto-elektrische und dynamo-elektrische Ströme setzen uns jetzt in den Stand, den elektrischen Bogen leichter und billiger zu erzeugen, als dies zur Zeit Sir Humphrey Davy's möglich war, und durch Ausnutzung dieser vergleichungsweise neuen Methode und mit Zuhülfeziehung der Spektralanalyse gelang es den Herren Huggins, Lockyer und anderen Physikern, Fortschritte auf dem Gebiete astronomischer und chemischer Forschung zu machen. Professor Dewar hat erst ganz kürzlich durch seine Experimente mit dem dynamo-elektrischen Strome gezeigt, dass in seinem Kalkrohre oder Schmelztiegel verschiedene der Metalle eine gasförmige Gestalt annehmen, wie aus den umgekehrten Linien auf seinem Spektrum zu ersehen ist, woraus hervorgeht, dass die erzielte Temperatur nicht viel geringer sein konnte, als die der Sonne.

Ich beabsichtige jetzt zu zeigen, dass der elektrische

Bogen nicht nur im Focus oder in einem derartig beschränkten Raume eine sehr hohe Temperatur zu erzeugen im Stande ist, sondern dass er auch mit verhältnissmässig geringem Kraftaufwande grössere solcher Wirkungen hervorzubringen vermag, welche die praktische Verwendung desselben zum Schmelzen von Platin, Jridium, Stahl und Eisen oder zur Hervorbringung solcher Reaktionen und Zersetzungen vortheilhaft erscheinen lassen, die zu ihrer Vollendung einen intensiven Hitzegrad und die Abwesenheit solcher störenden Einflüsse erfordern, wie sie bei der Verbrennung von kohlenstoffhaltigem Material in Oefen unvermeidlich sind.

Der Apparat, dessen ich mich zur elektrischen Schmelzung solchen Materials, wie Eisen oder Platin bediene, ist in der nachfolgenden Fig. 1 dargestellt. Er besteht aus einem gewöhnlichen Schmelztiegel *a* aus Graphit oder anderem sehr schwer schmelzbarem Material, der in ein metallenes Gefäss oder in eine äussere Hülle eingesetzt ist. Der Zwischenraum zwischen Tiegel und Hülle wird mit einer Masse *b* ausgefüllt, die unschmelzbar und ein schlechter Wärmeleiter ist. Pulverisirte Gasretortenkohle oder Sand eignen sich besonders zu diesem Zwecke. Durch den Boden des Schmelztiegels ist ein Loch *c* gebohrt, durch welches ein Stab von Eisen, Platin oder von Gaskohle, wie solche bei der elektrischen Beleuchtung verwandt wird, eingeführt ist. Der Deckel des Schmelztiegels ist ebenfalls durchbohrt zur Aufnahme der negativen Elektrode *d*, wozu wo möglich ein Cylinder von gepresster Kohle von verhältnissmässig grossen Dimensionen zu wählen ist. An dem einen Ende eines in der Mitte unterstützten Balkens ist die negative Elektrode vermittelst eines aus Kupfer oder aus einem anderen guten Elektricitätsleiter gefertigten Streifens aufgehängt, während am anderen Ende des Balkens ein hohler Cylinder *e* von weichem Eisen befestigt ist, welcher sich vertikal innerhalb einer Drahtspirale frei auf- und abbewegen kann, die einen Gesammtwiderstand von etwa 50 Ohm darbietet. Durch ein verschiebbares Gewicht *g*

Fig. 1.

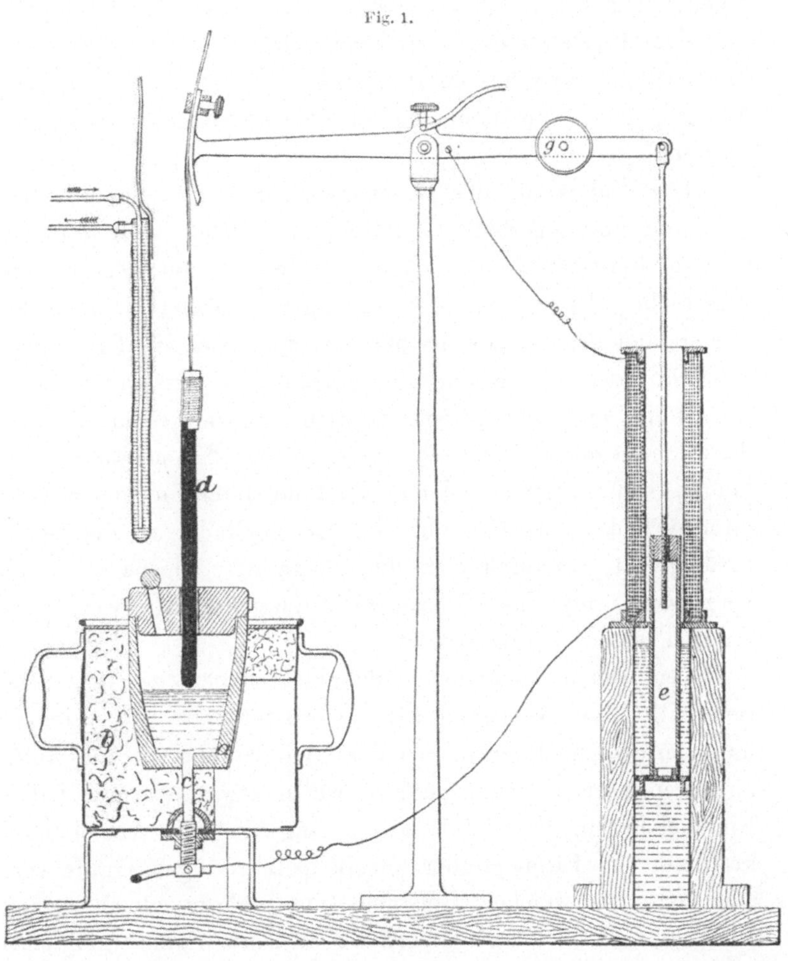

kann das Uebergewicht des nach der Drahtspule hinliegenden Balkenarms so verändert werden, dass es die magnetische Kraft, mit welcher der hohle Eisencylinder in die Solenoidrolle hineingezogen wird, ausgleicht. Ein Ende der Rolle ist mit dem positiven, das andere mit dem negativen Pole des elektrischen Flammenbogens verbunden. Da die Rolle einen hohen Widerstand besitzt, so ist die Kraft, mit der sie auf den Eisencylinder anziehend wirkt, der elektro-motorischen Kraft zwischen den beiden Elektroden, oder in anderen Worten, dem Widerstande des elektrischen Bogens selbst proportional.

Der Widerstand des Bogens wird dadurch nach Belieben bestimmt und innerhalb der Grenzen, welche die Kraftquelle zulässt, festgestellt, dass man das Gewicht auf dem Balken verschiebt. Vergrössert sich aus irgend welcher Ursache der Widerstand des Bogens, so gewinnt der durch die Drahtspule gehende Strom an Kraft, die magnetische Anziehung überwindet das entgegenwirkende Gewicht und verursacht dadurch, dass die negative Elektrode tiefer in den Schmelztiegel eintaucht, während, wenn der Widerstand unter die gewünschte Grenze sinkt, das Gewicht den Eisencylinder in die Spule zurücktreibt, wodurch sich die Länge des Bogens so lange vergrössert, bis das Gleichgewicht zwischen den wirkenden Kräften wieder hergestellt ist.

Versuche mit langen Drahtspulen haben gezeigt, dass innerhalb einer Bewegung von mehreren Zollen, d. h. innerhalb derjenigen Grenzen, wo der Cylinder eben in die Rolle eingetreten ist, bis zum Punkte, wo er etwas über die halbe Eintauchung in dieselbe hinaus gelangt ist, die Anziehungskraft auf den Eisencylinder nur in ganz geringem Grade veränderlich ist, welcher Umstand eine nahezu gleichmässige Wirkung auf den Bogen innerhalb mehrerer Zolle ermöglicht.

Diese automatische Regulirung des Bogens ist für die Erlangung günstiger Resultate beim elektrischen Schmelzprozesse von grosser Bedeutung; ohne dieselbe würde der Widerstand des Bogens ausserordentlich schnell mit der Zunahme der Temperatur der erhitzten Atmosphäre im Schmelztiegel abnehmen, und es würde dann zum Nachtheil des elektrischen Schmelzofens in der dynamo-elektrischen Maschine Wärme erzeugt werden. Andererseits würde plötzliches Sinken des Metalles im Schmelztiegel beim Uebergang aus dem festen in den flüssigen Zustand oder eine Veränderung des elektrischen Widerstandes des unter Schmelzung befindlichen Materials eine plötzliche Vergrösserung des Widerstandes des Bogens, wahrscheinlich ein Erlöschen des letzteren verursachen, wenn diese selbstregulirende Thätigkeit nicht stattfände.

Eine andere wichtige Bedingung für den Erfolg der elektrischen Schmelzung besteht darin, dass das zu schmelzende Material den positiven Pol des elektrischen Bogens bilde. Es ist wohl bekannt, dass es der positive Pol ist, an dem die Wärme hauptsächlich erzeugt wird, und es findet die Schmelzung des den positiven Pol bildenden Materials sogar statt, ehe der Schmelztiegel selbst bis auf denselben Grad erhitzt ist. Diese Anordnung ist natürlich nur auf das Schmelzen von Metallen und anderen elektrischen Leitern, wie Metalloxyden, anwendbar, welche meistentheils die Materialien sind, die in metallurgischen Verfahren behandelt werden. Bei Behandlung von nichtleitenden Erden oder von Gasen wird es nothwendig, für einen nicht zerstörbaren positiven Pol zu sorgen, etwa für einen solchen von Platin oder Iridium, der indessen selbst der Schmelzung unterworfen sein und einen kleinen Teich am Boden des Schmelztiegels bilden kann.

Es hat sich als zweckmässig herausgestellt, den Schmelztiegel mit einer Drahtspule zu umwinden, da mit einer derartigen Vorrichtung die Richtung des Flammenbogens nach Belieben regulirt und seinem Bestreben: sich den Seiten des Schmelztiegels mitzutheilen, Einhalt geboten werden kann.

Beim Schmelzen in einem solchen elektrischen Schmelzofen wird natürlich einige Zeit gebraucht, um die Temperatur des

Schmelztiegels selbst bis auf einen beträchtlichen Grad zu bringen; es ist jedoch überraschend, wie schnell eine Anhäufung von Hitze stattfindet. Beim Arbeiten mit einer modifizirten mittelgrossen Dynamo-Maschine, die im Stande ist, einen Strom von 36 Weber (Ampère) mit einem Aufwande von vier Pferdekräften zu erzeugen, und welche bei ihrer Benutzung zur Beleuchtung ein Licht von 6000 Kerzenstärken hervorbringt, finde ich, dass ein in nicht leitendes Material eingesetzter Schmelztiegel von ungefähr 20 cm Tiefe in weniger als einer Viertelstunde auf Weissglühhitze gebracht wird, und dass die Schmelzung eines Kilogramms Stahl in etwa einer weiteren Viertelstunde bewirkt wird, während nachfolgende Schmelzungen in etwas kleineren Zeiträumen gemacht werden. Ein solches Verfahren könnte selbstverständlich durch Vermehrung der Kraft der dynamo-elektrischen Maschine und mit Schmelztiegeln von bedeutenderen Dimensionen auch in grösserem Massstabe angewandt werden. (Diese Bemerkungen wurden durch einen in der beschriebenen Weise wirklich ausgeführten Versuch veranschaulicht, indem ein Pfund zerbrochener Feilen in einen Schmelztiegel gegeben wurde, durch welchen man einen Strom von etwa 70 Weber (Ampère) leitete. Das Material wurde in 13 Minuten in einen vollständig flüssigen Zustand gebracht und in diesem aus dem Schmelztiegel ausgegossen. Am Schlusse des Vortrages wurde eine zweite Füllung von Stahl in den Schmelztiegel gegeben und in geschmolzenem Zustande nach Verlauf von 8 Minuten ausgegossen.)

Wie gesagt, werden für die Elektroden Kohlen gewählt, wie sie beim elektrischen Licht gebräuchlich sind oder irgend eine andere passende Leitungsmasse. Dieselben können, wenn es wünschenswerth ist, dadurch kühl erhalten werden, dass man Wasser durch eine in denselben befindliche Höhlung oder um dieselben herum laufen lässt, oder aber dadurch, dass man dieselben so weit als möglich der Luft aussetzt. Bei einem Experimente z. B. wurde als positiver Pol ein halbzölliger Nickelstab benutzt, dessen unteres Ende in eine solide Kupferstange von einem Quadratzoll Dicke und sechs Zoll Länge eingelassen war. Mit diesem Pole wurde ohne Anwendung von anderen Abkühlungsmitteln, ein Pfund grober Nickel in einem Thontiegel geschmolzen und in 8 Minuten ausgegossen, wobei die Schmelzung mit vollständig kaltem Apparat begonnen worden war. Die Spitze der Elektrode war nur wenig angebrannt und Austräufeln des geschmolzenen Metalles hatte nicht stattgefunden.

Durch Anwendung eines Poles von dichter Kohle kann die sonst rein chemische Reaktion, welche man zur Ausführung zu bringen beabsichtigt, durch die Loslösung von Kohlentheilchen von der Elektrode gestört werden; und wenn auch die Aufzehrung des negativen Poles in einer vollständig neutralen Atmosphäre ausserordentlich langsam vor sich geht, so kann es doch nothwendig werden, an seine Stelle einen solchen negativen Pol zu setzen, welcher keine Substanz an den Bogen abgiebt. Ich habe für diesen Zweck (ebenso wie auch bei der Konstruktion von elektrischen Lampen) einen Wasserpol oder eine Kupferröhre angewendet, durch welche ein Abkühlungsstrom von Wasser fliessen gelassen wird. Derselbe besteht einfach aus einem starken, an seinem unteren Ende geschlossenen Kupfercylinder, der ein inneres bis nahe zum Boden reichendes Rohr enthält, das zur Einführung eines Wasserstrahles dient. Das Wasser tritt dabei durch biegsame Gummirohre ein und aus. Da die letzteren aus einem nicht leitenden Material von geringem Querschnitt bestehen, so ist der Stromverlust vom Pole zum Wasserbehälter so gering, dass er ganz unberücksichtigt bleiben kann. Auf der anderen Seite wird bei Benutzung des Wasserpoles etwas Verlust an Wärme durch Ueberleitung verursacht; dieser Verlust aber verringert sich mit der Zunahme der Hitze des Schmelzofens umsoviel, als der Bogen länger wird und der Pol mehr und mehr sich in den Deckel des Schmelztiegels zurückzieht.

Die dynamo-elektrische Maschine, welche 4,25 Pferdekräfte oder 3,17 Ergtens in der Sekunde verbraucht, schickt einen Strom von 40,5 Weber (Ampère) durch eine Einheit elektrischen Widerstandes. Wenn man den Widerstand durch einen Bogen ersetzt, der durch das Ausgleichgewicht konstant auf 37,8 Volt elektro-motorischer Kraft erhalten wird, so fliesst derselbe Strom im Kreise.

Ohne Berücksichtigung der Verbindungsdrähte wird in dem Bogen eine Energie entwickelt von:

$1531{,}2 \times 10^7$ ergs. in der Sekunde =
$9187{,}2 \times 10^8$ ergs. in der Minute oder =
$1378{,}1 \times 10^{10}$ ergs. in 15 Minuten =
$32{,}8 \times 10^4$ g. Wassergradeinheiten Wärme.

Angenommen Stahl habe dieselbe spezifische Wärme wie Eisen, d. i.:

$$0{,}1040 \times 0{,}000144\,t^\circ \text{ bei } t^\circ,$$

und der Schmelzpunkt des Stahles sei 1800° C., so würden 420,5 Wärmeeinheiten aufgewendet werden müssen, um den Stahl auf diese Temperatur zu bringen. Nimmt man ferner die latente Wärme des Stahls beim Schmelzen auf 29,5 Einheiten an (für Silber ist dieselbe 21, für Zink 28 Einheiten), so würde es, roh gerechnet, 450 Einheiten bedürfen, um ein Gramm, oder 225 000 Einheiten, um ein halbes Kilogramm Stahl zu schmelzen, d. h. ungefähr $^2/_3$ der im Schmelzofen erzeugten Hitze und ungefähr $^1/_3$ der wirklich aufgewendeten Kraft. Eine gute Dampfmaschine mit Expansion und Kondensation setzt die der Kohle innewohnende Wärmeenergie mit einem Verlust von über 80 Prozent in mechanische Arbeit um, oder, mit anderen Worten, von den 7000 Einheiten, welche einem Gramm gewöhnlicher Kohle innewohnen, wird nur der sechste Theil in der Maschine als Arbeit wiedergegeben. Es folgt hieraus, dass der Nutzeffekt, welcher im elektrischen Schmelzofen erreicht werden kann, $^1/_3 \times {}^1/_6 = {}^1/_{18}$ derjenigen Wärmeenergie ist, welche dem unter dem Kessel der Maschine verbrauchten Brennmateriale innewohnt.

Um ein Gramm Stahl im elektrischen Schmelzofen zu schmelzen, sind daher $450 \times 18 = 8100$ Einheiten erforderlich, was innerhalb eines Bruchtheiles derjenigen Wärmemenge gleichkommt, welche in einem Gramm reiner Kohle enthalten ist. Es ergiebt sich aus dieser Berechnung, dass beim Gebrauch einer dynamo-elektrischen Maschine, welche durch eine Dampfmaschine getrieben wird, theoretisch betrachtet, ein Pfund Kohle nahezu ein Pfund Gussstahl schmelzen kann. Um eine Tonne Stahl in Schmelztiegeln in dem gewöhnlichen Gebläseofen, wie er in Sheffield gebraucht wird, zu schmelzen, sind $2^1/_2$ bis 3 Tonnen besten Durham Koaks erforderlich. Dieselbe Wirkung wird mit einer Tonne Kohle erzeugt, wenn die Schmelztiegel im Regenerativgasofen erhitzt werden, während um grosse Mengen Gussstahls auf dem offenen Herde desselben Ofens zu erzeugen, zwölf Centner Kohle zur Gewinnung einer Tonne Stahl genügen.

In der Praxis stellt sich heraus, dass ein Strom von hundert Weber (Ampère) mit einem Widerstand von 50 Ohm, der eine Energie von 6 Pferdekräften repräsentirt, 1,5 Kilogramm Stahl in einer Viertelstunde im heissen Schmelztiegel schmilzt. Dies ist gleichbedeutend mit einer Schmelzung von 6 Kilogrammen pro Stunde bei einem Kohlenverbrauch von 8 Kilogrammen unter dem Kessel, oder 1,3 Kilogramm Kohle für ein Kilogramm Stahl.

Der elektrische Schmelzofen darf daher als ökonomischer als der gewöhnliche Gebläseofen betrachtet werden und würde mit Berücksichtigung einiger zufälliger, nicht mit in Rechnung gebrachter Verluste, was die Oekonomie an Brennmaterial anbelangt, beinahe der des Regenerativofens gleichkommen.

Es sprechen jedoch noch die folgenden Vortheile zu Gunsten des Schmelzofens:

1. dass der erreichbare Hitzegrad theoretisch unbegrenzt ist,
2. dass die Schmelzung in einer vollkommen neutralen Atmosphäre vor sich geht,
3. dass das Verfahren im Laboratorium ohne viele Vorbereitungen und unter dem Auge des Beobachters vorgenommen werden kann,
4. dass bei Benutzung der gewöhnlichen schwer schmelzbaren Materialien die praktisch erreichbare Grenze der Hitze sehr hoch liegt, da im elektrischen Schmelzofen die Hitze direkt in der zu schmelzenden Masse erzeugt wird, anstatt erst durch den Behälter gehen zu müssen, der dieselbe enthält, und dass in Folge dessen das schmelzende Material eine höhere Temperatur als der Schmelztiegel selbst hat, während bei gewöhnlichem Verfahren die Temperatur des Schmelztiegels diejenige des darin geschmolzenen Materials übersteigt.

Ohne darauf Anspruch machen zu wollen, dass der hier vorgezeigte elektrische Schmelzofen im Stande sei, andere Schmelzöfen für die gewöhnlichen Zwecke zu verdrängen, werden ihn die oben bezeichneten Vorzüge, wie ich glaube, zu einem zweckmässigen Hülfsmittel machen, um chemische Reaktionen der verschiedensten Art bei Temperaturen und unter Umständen vorzunehmen, deren Ausführung bis heran unmöglich war.

Bei den von Dr. Siemens im Vereine mit Professor Huntington gemachten Experimenten kamen fünf D_2 Maschinen, von denen eine als Erreger fungirte, zur Anwendung, die von einer Marshall'schen Dampfmaschine von zwölf Pferdekräften getrieben wurden. Der Strom variirte zwischen 250 und 300

Ampère. Die höchst feuerfesten Thon-Schmelztiegel, die von der Patent Plumbago Crucible Company geliefert worden waren, gingen ohne Ausnahme in wenigen Minuten in Stücke und waren nur für Experimente von ganz kurzer Zeitdauer zu gebrauchen. Sonst hielten Graphit-Schmelztiegel im Allgemeinen ganz ausgezeichnet aus. Offenbar könnten dieselben jedoch nicht für alle Zwecke angewandt werden in Folge ihres Bestrebens Kohlenstoff dem zum Experimentiren benutzten Metalle mitzutheilen. In einigen Fällen wurde das Metall in einem Lager von Kalk, Sand oder von pulverisirter Kohle von der Art, wie solche für elektrische Beleuchtung zur Anwendung kommt, geschmolzen. Letztere ist ein sehr schlechter Leiter und erlaubt, wie das Kalk- oder Sandbett, dem Flammenbogen, wenn er einmal gebildet ist, durch seine Masse zu dem eingeschlossenen Metall hindurchzudringen.

Schmiedeeisen. — Sechs Pfund Schmiedeeisen waren für zwanzig Minuten der Wirkung des Flammenbogens ausgesetzt, und das Metall wurde nach dieser Frist in eine Form gegossen. Es stellte sich als krystallinisch heraus und konnte nicht geschmiedet werden. Dies ist jedesmal der Fall gewesen, wenn Eisen, Nickel oder Kobalt geschmolzen worden sind. Obgleich das Abhülfsmittel allgemein bekannt ist, nämlich dem Metalle vor dem Guss eine kleine Quantität Mangan beizugeben, so bleibt die Ursache dieser Erscheinung doch bis jetzt noch unerklärt.

Stahl. — Bis zu zwanzig Pfund Stahl-Feilspäne sind zu gleicher Zeit geschmolzen worden, und die dazu erforderliche Zeit betrug ungefähr eine Stunde mit heissem Ofen beim Beginn des Schmelzens. Bei so grossen Quantitäten zeigte das Metall jedesmal eine Menge Gussblasen.

Weisses Roheisen, das in einer Zeit von dreissig Minuten in einem Thontiegel geschmolzen worden war, zeigte auf der Bruchfläche, dass es keinerlei Veränderung erlitten habe.

Wenn weisses Roh-Eisen und Koaks zusammen in dem Schmelzofen geschmolzen wurden, erschien die graue Farbe des gewonnenen Metalles etwas dunkler, als die des Metalles vor dem Guss gewesen war. Bei Benutzung von Retortenkohle an Stelle des Koaks erhielt man ein gutes graues Eisen, das weich und leicht zu verarbeiten war, ohne Schwierigkeit in fünfzehn Minuten, wenn der Guss mit vorher erhitztem Schmelztiegel begann. Bei einer anderen Gelegenheit, wo der Guss mit ganz kaltem Apparat begonnen wurde, erzielten wir nach dreissig Minuten ein Metall, dessen Farbe, obgleich der Guss wohl gelungen, nicht grauer geworden war. Die Verschiedenheit dieser beiden Resultate mag wohl dem Umstande zuzuschreiben sein, dass die Temperatur in dem einen Falle etwas höher war, als in dem anderen. Dies ist eine Erscheinung von grossem praktischem Interesse. Vier Pfund weisses Roheisen, die mit pulverisirter Kohle während dreiviertel Stunden geschmolzen worden waren, ergaben ein dunkelgraues, krystallinisches Eisen. Bei einem anderen Experiment, bei welchem acht Unzen graues Eisen, die mit Hülfe des elektrischen Schmelzofens aus weissem Roheisen gewonnen worden waren, zum zweiten Male in pulverisirter Kohle geschmolzen wurden, erhielt man nach zehn Minuten ein dunkelgraues Metall, das bei langsamem Abkühlen eine bedeutende Quantität Graphit ausschied.

Gusseisen, das geschmolzen und in einem Lager von pulverisirter Kohle für fünfundvierzig Minuten der Wirkung des Flammenbogens ausgesetzt war, zeigte nach diesem Prozess in seiner grauen Farbe wenig Unterschied und hatte auch, was seinen allgemeinen Charakter anbelangte, in Bezug auf die Art und Weise, wie es sich unter dem Hammer verhielt, keine wesentliche Veränderung erlitten. Der Zweck dieses Experimentes war, das Maximalquantum von Kohle zu bestimmen, welches Eisen unter den muthmasslich günstigsten Verhältnissen in sich aufzunehmen im Stande ist. Das Resultat ist wohl kaum das, was man sich vorgestellt hatte. Ein bestimmtes Quantum derselben Sorte Gusseisen wurde für fünfzehn Minuten unter einer Kalkdecke, die es fast ganz bedeckte, geschmolzen. Die Beschaffenheit der Bruchfläche des Metalls wurde bei dieser Behandlung kaum verändert, abgesehen von kleinen Verschiedenheiten, die von der Zeit abhängen, die man dem Metall zum Abkühlen erlaubt. Ein starker Geruch von Phosphorwasserstoff oder von phosphorigsaurem Salz machte sich dabei bemerkbar, wahrscheinlich der letztere. Dies wurde nur da beobachtet, wo Kalk in Anwendung kam. Der dabei benutzte Kalk hat bis heute den höchst widerlichen Geruch noch nicht verloren.

Wenn Spiegeleisen in einem Graphit- oder Thon-Schmelztiegel geschmolzen wurde, schied sich Graphit beim Abkühlen des Metalles aus.

Silicium-Roheisen, das ungefähr zehn Prozent Silicium enthält, wurde für sich ohne Zugabe geschmolzen; es zeigte nach dem Guss nur wenig Veränderung, abgesehen davon, dass eine kleine Quantität Graphit ausgeschieden wurde. Ein ähnliches Resultat wurde erzielt, wenn fünf Pfund Silicium-Roheisen eine Stunde lang in pulverisirter Kohle geschmolzen wurden. Beim Brechen der aus dem Guss hervorgegangenen Barre fand sich in der Mitte eine dieselbe beinahe der ganzen Länge nach durchlaufende Höhlung, in der sich eine bedeutende Quantität Graphit abgelagert hatte. Die Bruchfläche zeigte auch in diesem Falle die Beschaffenheit, die bei Eisen mit bedeutendem Siliciumgehalt so charakteristisch ist und war vom praktischen Standpunkte aus betrachtet von der des ursprünglichen Roheisens nicht zu unterscheiden.

Eine Reihe von Experimenten wurde darauf gemacht, um das Maximalquantum von Kohle festzustellen, welches Roheisen mit einem bestimmten Siliciumgehalt aufnehmen kann.

Graues Gusseisen und Roheisen mit zehn Prozent Siliciumgehalt wurden in pulverisirter Kohle zusammen flüssig gemacht, und das Verhältniss der Theile der beiden Eisenarten wählte man bei den verschiedenen Experimenten so, dass ein Metall mit einem Gehalte von ein Viertel bis neun Prozent Silicium gewonnen wurde.

Aehnliche Experimente wurden gemacht mit dem einzigen Unterschiede, dass Schwefel an Stelle des Siliciums verwendet wurde. Kein Geruch von Schwefelsäure machte sich bemerkbar, und es ist daher wohl anzunehmen, dass kein Schwefel verflüchtigt worden ist. Dies ist einigermassen auffallend, wenn man den Charakter des Experimentes in Betracht zieht. Man kam zu dem Schlusse, dass derartige Untersuchungen sowohl bedeutende praktische als auch mehr rein wissenschaftliche Bedeutung haben dürften, insofern als sie zur genaueren Feststellung der verschiedenen Vorgänge im Schachtofen behülflich sein könnten — vorausgesetzt, um der Sache auf den Grund zu kommen, dass irgend eine derartige Unterscheidung überhaupt existirt.

Nickel. — Ein halbzölliger positiver Pol aus diesem Metalle — schmiedbar gegossen nach dem Prozesse von Wiggin & Co., — wurde durch eine im Boden des Thon-Schmelztiegels angebrachte Oeffnung in denselben eingeführt. Für den negativen Pol wurde Kohle benutzt, jedoch gleich nach Beginn des Experimentes lagerte sich ein gewisses Quantum Nickel auf dem Ende des Kohlenpoles ab, so dass es in Wirklichkeit ein Nickelpol war. Dieser Metallniederschlag auf dem negativen Pol ist auch bei Versuchen mit einigen anderen Metallen beobachtet worden, besonders mit Wolfram. Ohne irgend wie besondere Kenntniss über diesen Gegenstand für sich beanspruchen zu wollen, hat Professor Huntington die Frage aufgeworfen, ob diese Erscheinung, die bekanntlich mit den Erfahrungen im Allgemeinen durchaus im Widerspruch steht, nicht etwa mit der relativen Verflüchtigung der Masse, woraus die Pole bestehen, im Zusammenhange stehe. In einem Ofen, nach der obigen Beschreibung, wurde ein Pfund körnigen Nickels geschmolzen und in acht Minuten flüssig gemacht. Das gegossene Metall zeigte eine vorzügliche körnige Bruchfläche; es konnte nicht nach Wunsch in den Arbeitsmaschinen bearbeitet werden, da man keine glatte Oberfläche erhielt. Ein Pfund körnigen Nickels dagegen, der in einem Kohlenstaublager für fünfundzwanzig Minuten geschmolzen worden war, ergab ein dunkelgraues kohlenhaltiges Metall, welches sich leicht verarbeiten liess. Bei einer anderen Gelegenheit erhielt man von einem gleichen Quantum Nickel, das auf ähnliche Weise behandelt worden war, ein Metall, welches viele Gussblasen zeigte und nicht zu verarbeiten war. Eine Quantität kohlenhaltigen Nickels, die in der oben beschriebenen Weise gewonnen, war in einem Thontiegel in zwölf Minuten geschmolzen und allmählich im Ofen abgekühlt worden: Das Resultat war eine hellere Bruchfläche mit dichterer Körnung.

Kupfer. — Dreiviertel Pfund Kupfer waren für ungefähr eine halbe Stunde in pulverisirter Kohle geschmolzen worden. Als man nach Verlauf dieser Zeit das Resultat untersuchte, fand sich, dass das ganze Metall bis auf dreiviertel Unze verflüchtigt war. Die bei diesem Experiment zugegen Gewesenen erlitten keine übelen Folgen von der mit Kupfer geschwängerten Atmosphäre, die sie jedenfalls eingeathmet haben mussten.

Platin. — Acht Pfund Platin wurden in ungefähr einer Viertelstunde vollständig flüssig gemacht.

Wolfram. — Ein halbes Pfund pulverisirtes Wolfram wurde der Wirkung des Flammenbogens in einem Thonschmelztiegel ausgesetzt. Dichte Dämpfe wurden entwickelt und auf der oberen Fläche bildete sich eine Höhlung von ungefähr $1\frac{1}{2}$ Zoll Durchmesser. Darauf liess man den Ofen allmählich abkühlen. Als man den Schmelztiegel entfernte, stellte sich heraus, dass derselbe gerade unterhalb des Punktes, bis zu welchem die Wirkung des Bogens gedrungen, ganz beträchtlich beschädigt worden war; die Ursache bestand darin, dass der Thon, woraus der Schmelztiegel gefertigt, durch das Metall selbst in Folge der Erhitzung desselben während des Experimentes angegriffen worden war. Das Metall war nur auf eine ganz unbedeutende Tiefe unter der durch den Flammenbogen gebildeten Höhlung geschmolzen worden, und das ungeschmolzene Metall darunter zeigte auf seiner Oberfläche ganz wundervolle, in allen Regenbogenfarben strahlende Krystalle, die unter dem Mikroskop als wohlgestaltete Prismen erschienen. Diese sind bis jetzt noch nicht gemessen worden. Die Krystalle sind augenscheinlich durch Niederschlag der Dämpfe bei dem langsamen Abkühlen derselben gebildet worden.

Die sehr vielen Experimente, welche mit Wolfram gemacht worden sind, haben erwiesen, dass es nicht anders als jedesmal in ganz kleinen Quantitäten geschmolzen werden kann. Man brachte jedoch eine kleine Barre schliesslich dadurch zu Stande, dass man zunächst ein kleines Quantum schmolz und diesem allmählich kleine Güsse, einen nach dem anderen hinzufügte. Aber selbst die gewonnenen Gussstücke stellten sich zum grössten Theil als schwammig und unbefriedigend heraus. Die besten Resultate erzielte man, wenn bereits einmal geschmolzenes Wolfram bei dem allmählichen Bildungsprozess in Anwendung kam. Metall, welches bereits einmal flüssig gewesen, erzeugte keine bedeutenden Dämpfe beim zweiten Gusse, jedenfalls, weil seine Oberfläche beim ersten Gusse bedeutend reduzirt worden war.

Wolfram, das im elektrischen Ofen geschmolzen ist, erscheint im unoxydirten Zustande rein weiss und spröde und von sehr feinkörnigem Gefüge. Es ist bisher nur als graues Pulver gewonnen worden durch Reduktion des Oxyds mit Hülfe von Kohle und Wasserstoff, oder in ganz kleinen Kügelchen unter der Wirkung des gewöhnlichen kleinen elektrischen Lichtbogens. Durch Zugabe von Kohle kann der Schmelzpunkt desselben auf einen niedrigeren Grad gebracht werden. Auf diese Weise kann ein solides Stück von mässiger Grösse ohne grosse Schwierigkeit gewonnen werden. Von 1000 Gran in pulverisirter Kohle geschmolzenen Wolframpulvers erhielt man 650 Gran zurück, während der Rest sich verflüchtigte, und von 450 Gran des bereits gegossenen Metalles wurden beim zweiten Gusse 410 Gran wiedergewonnen. Ein Stück Wolfram, welches so behandelt worden war, dass man annehmen durfte, einen hohen Kohlengehalt erreicht zu haben, zeigte bei seiner Analyse, dass es 1,8 Prozent Kohle enthielt. Das Metall war sehr weiss, feinkörnig und brüchig.

Aus den Resultaten der oben angeführten Experimente geht klar hervor, dass die Gussmasse eines gegebenen Metalles, welches mit Erfolg im elektrischen Ofen geschmolzen werden kann, sowie die Zeit, welche der Guss in Anspruch nimmt, abhängig ist:

1. von dem Verhältniss zwischen dem Verflüchtigungs- und Schmelzpunkte, d. h. von der Temperaturhöhe, um die der Verflüchtigungspunkt den Schmelzpunkt überschreitet, und
2. von der Wärmeleitungsfähigkeit des Metalles.

Es stellt sich z. B. heraus, dass Platin in kürzerer Zeit und in grösserer Quantität im Verhältniss zu der angewandten Energie geschmolzen werden kann, als Stahl; und Professor Huntington ist der Ansicht, dass diese Schlussfolgerung durch die so weit gemachten Beobachtungen und durch die Resultate der Experimente berechtigt sei.

Es bleibt noch übrig, die in den Experimenten gewonnenen Probebarren, wovon hier die Rede war, einer chemischen Untersuchung zu unterwerfen.

In der Diskussion, die sich an die Vorlesung anknüpfte, bemerkte Dr. Siemens, dass die Grenze der Temperatur, die man mit Hülfe des elektrischen Ofens erreichen könne, bis jetzt unbekannt sei; denn obgleich die Hitze wahrscheinlich den Widerstand des Bogens erhöhen würde, so könne dies für sich selbst nur wieder eine fernere Entwicklung von Wärme bedeuten. Die mit Kupfer erzielten Resultate schienen allerdings einen Uebelstand beim Gebrauch des elektrischen Ofens für Giesszwecke anzudeuten, dürften aber unter Umständen für die Behandlung von Metallen im verdunsteten Zustande vielleicht auch wieder von Wichtigkeit sein. Mit Professor Huntington's Ansicht bezüglich der Ursache des Metallniederschlages am negativen Pole, führte Dr. Siemens an, könne er sich nicht einverstanden erklären; er glaube vielmehr, dass der Grund darin zu suchen sei, dass der negative Pol auf einem weit niedrigeren Temperaturgrade stehe, als der positive.

Dr. Gladstone fragte, ob der Niederschlag krystallinisch sei, oder aus gegossenen Kügelchen bestehe.

Professor Huntington antwortete darauf, dass derselbe in der letzteren Form erscheine.

Mr. Terrill (Swansea) bemerkte noch, dass der Kupferverlust durch Verflüchtigung beim Schmelzen weit grösser sei, als gewöhnlich angenommen würde. Bei einem zufälligen Entweichen von Schwefelwasserstoffgas in seiner Fabrik habe er einen dicken Niederschlag von schwefelsaurem Kupferoxyd, über eine bedeutende Fläche ausgedehnt, beobachtet. Er habe sogar Kupferniederschlag auf der Zinkplatte des Büffets in der Eisenbahnstation aufgefunden, die von der Fabrik eine ziemliche Distanz entfernt sei. Die Diskussion wurde von Mr. Maxwell Lyte, Professor Vernon Harcourt und dem Präsidenten, Professor Liveing noch weiter fortgeführt, welcher letztere der Ansicht war, dass solche Experimente, wie die hier aufgeführten für das Studium der Metallurgie von grossem Nutzen sein müssten.